弘 教 系 列 教 材

有机化学实验与问题解答

胡 昕　彭化南　计从斌 **编著**

复旦大学出版社

前言

有机化学实验是一门重要的基础实验课，是化学、应用化学、化工、高分子、材料、生命科学、环境、药学、医学等多种学科的必修课程之一，也是化学实验中涉及仪器和装置相对复杂、对实验技能和技巧要求较高的一门专业基础实验。为了帮助学生更好地学习与掌握基础有机化学实验的基本知识、基本理论和基本技能，加深对所学有机化学理论的理解，提高实验动手能力和实验效果，编者根据多年的实验教学实践，在参考近年来国内外出版的同类教材基础上编写了这本《有机化学实验与问题解答》。

本书共分5章，分别为有机化学实验基本常识、有机化学实验基本操作、有机化合物的制备、有机化合物的鉴别和问题解答。

有机化学实验基本常识主要包括实验安全与防护知识、有机化学实验室规则、常用仪器设备的使用方法、实验预习、记录和实验报告的目的与写法等。

有机化学实验基本操作是有机化学实验的重要组成部分。为了加强基本操作训练，加深学生对操作要点的理解和实践，本书在基本操作章节后单独编写了相应的操作实验，既可单独进行基本操作训练，又可安排在相应的合成实验中进行。

有机化合物的制备部分采用经典、有代表性的有机化学反应类型为主，在强调合成实验训练、强化分离和纯化操作的指导思想下，以无毒化、绿色化和实用化为原则来编写，其中大部分实验是我们在多年来的教学实践和实验教学改革的基础上形成的较为成熟的实验。

有机化合物的鉴别部分选取一些经典的鉴定实验，其中，部分实验采用未知样品鉴定的方式进行，更加有利于学生将基础有机理论与实际相结合。

问题解答部分是对每个实验的难点、关键之处及实验后所附的思考与分析内容加以解答，有助于学生更好地学习与掌握基础有机化学实验的基本知识、基本理论和基本技能，加深对所学有机化学理论的理解，提高实验动手能力和实验效果。

本书可为化学、应用化学、材料科学、食品科学、生命科学、环境科学、医学、农学等专业的基础有机化学实验课程提供教材，也可供教师指导有机化学实验时参考。

本书由胡昕、彭化南、计从斌编著。上饶师范学院化学环境科学学院谢国豪教授对本书的修订与完善提出许多宝贵意见和建议，编写过程中也得到本教研室所有同事的大力支持和帮助，同时，本书的编写得到弘教系列教材项目的支持，在此一并表示衷心感谢。

由于编者的水平有限，书中错误和不妥之处，敬请读者批评指正。

胡　昕　彭化南　计从斌

2018 年 2 月

目录

第1章
有机化学实验基本知识

1.1　有机化学实验室安全知识

有机化学实验所使用的药品和试剂种类繁多，多数易燃、易爆、有毒、有腐蚀性，使用不当有可能会发生着火、爆炸、中毒和灼伤等事故。实验过程中大量使用玻璃仪器以及水、电和各种加热用具（如酒精灯、酒精喷灯、电热套和磁力搅拌器等），也增加了潜在的危险性。因此，实验前应充分预习和了解所做实验中用到的物品和仪器的性能、用途、可能出现的问题等安全注意事项，并在实验过程中严格遵守操作规程，以避免或减少事故发生。

1.1.1　着火

着火是有机化学实验中常见的事故。预防和处理火灾事故，必须了解和注意以下5点：

（1）防火的基本原则是使火源和易燃药品尽可能远离。实验前需要了解药品和试剂的性质，尽量不要明火加热。

（2）实验时尽量防止或减少易燃气体的外逸，并注意室内及时通风，及时排除室内的有机物蒸气。

（3）不能用烧杯或敞口容器盛装和保存易燃物，加热时要根据实验要求及易燃物的特点选择热源，注意远离明火。

（4）易燃及易挥发物不得倒入废物桶内，必须倒入指定容器进行回收处理。

（5）一旦发生着火事故，切勿惊慌失措，应沉着冷静，及时采取合理措施，控制事故扩大。首先立即关闭附近的火源，切断电源，移去周围的易燃物，然后根据易燃物的性质及火势的大小设法扑火。有机物着火，通常不用水扑灭，防止化合物遇水发生反应引起更大的事故。仪器内溶剂着火，最好用石棉布或抹布盖住瓶口将火盖灭。

如着火面积较大，根据情况可以使用表 1－1 所列灭火器。

表 1－1　实验室常用灭火器

灭火器	灭火原理	适用范围
二氧化碳灭火器	主要成分：液态 CO_2 在加压时将液态 CO_2 压缩在小钢瓶中，灭火时再将其喷出，有降温和隔绝空气的作用	适用于 600 V 以下带电电器、贵重设备、仪器仪表、图书资料初起火灾
泡沫灭火器	主要成分：$Al_2(SO_4)_3$ 和 $NaHCO_3$ 灭火时，能喷射出大量 CO_2 及泡沫，它们能黏附在可燃物上，使可燃物与空气隔绝，达到灭火的目的	适用于油类、木材、纸张、棉麻等；不能用于水溶性可燃液体、电气设备、金属及遇水燃烧物
干粉灭火器	主要成分：$NaHCO_3$ 等盐类物质与适量的润滑剂和防潮剂 利用压缩的 CO_2 吹出干粉来灭火	适用于油类及其产品、可燃气体和电气设备初起火灾
1211 灭火器	主要成分：CF_2ClBr 液化气体 利用装在筒内的氮气压力将 1211 灭火剂喷射出灭火	适用于扑救易燃、可燃液体、气体及带电设备、精密仪器、珍贵文物、图书档案等初起火灾

1.1.2　爆炸

有机化学实验中经常使用一些易燃、易爆的物质及混合物，如过氧化物、芳香族多硝基化合物、金属炔化物等，在受热或碰撞时均会发生爆炸。另外，在空气中混有易燃有机溶剂蒸气或易燃、易爆气体，且它们在空气中的含量达到一定极限时，遇明火即可发生燃烧、爆炸。蒸馏、回流、分馏、水蒸气蒸馏等实验装置加热时不与大气相通，以及减压蒸馏使用不耐压的容器等，都有可能造成爆炸。

预防爆炸应注意以下 5 点：

(1) 蒸馏、回流、分馏、水蒸气蒸馏等实验装置加热时，保持与大气相通，不能在密闭体系内进行加热或反应。要经常检查反应装置是否被堵塞，如发现堵塞应停止加热或反应，将堵塞排除后再继续加热或反应，冷凝水保持通畅。

(2) 使用易燃、易爆物品时，严格按操作规程操作，严格按实验要求用量，不可擅作主张扩大试剂用量；易燃、易爆物品周围不可有可燃物质；易爆物品要注意防止突然震动和过热。

(3) 过于激烈的反应，要根据情况采取冷却或控制加料速度等措施。添加反应物要逐步进行，少量多次，必要时采取冷却措施。

(4) 某些有机化合物如乙醚、四氢呋喃等，久置后会产生易爆炸的过氧化物，需特殊处理后才能使用。

(5) 燃气开关及管道应经常检查，并保持完好。

1.1.3　中毒

化学药品通常具有毒性，有机实验室中使用的有机试剂种类繁多且多数挥发性强，因此，有机化学实验比其他化学实验具有更多的安全隐患。

防止中毒最重要的是必须了解使用的化合物的性质，且做好安全防护。学生在进行实验时，应切实做好以下 6 点：

(1) 药品不要粘在皮肤上，尤其是极毒的药品(如氰化物)。实验完毕后应立即洗手。一旦药品粘在或溅在手上，通常用水洗去。用有机溶剂清洗是一种错误的做法，会使药品渗入皮肤或引起皮炎。

(2) 使用和处理有毒或腐蚀性物质时，应在通风橱内进行，并带上防护用品，尽量避免有机物蒸气扩散到实验室内。

(3) 制备和使用具有刺激性的、恶臭和有害的气体(如 H_2S、Cl_2、光气、CO、SO_2 等)，以及加热蒸发浓盐酸、硝酸、硫酸等时，应在通风橱中进行。

(4) 对沾染过有毒物质的仪器和用具，实验完毕后应立即采取适当方法处理，以破坏或消除其毒性。

(5) 严防水银等有毒物质流失而污染实验室。如遇温度计破损后水银洒落，应及时向教师报告，可用水泵尽量收集明显洒落的水银，最后再用硫磺或 $FeCl_3$ 溶液清除。

(6) 如果有毒物质溅入口中，要立即吐出，再用大量水清洗口腔；如已吞下，要根据各种情况给予解毒剂，并立即送医治疗。

1.1.4 灼伤

皮肤接触了高温物质(火焰、蒸气等)、低温物质(液氮等)和腐蚀性物质(强酸、强碱等),都会造成灼伤。因此,实验时应避免皮肤与上述引起灼伤的物质接触,在实验时应戴上手套和防护眼镜。

实验中发生灼伤,应根据以下6种不同的情况分别给予处理,严重者应立即送往医院治疗。

(1) 浓酸灼伤时,立即用布轻轻擦拭,再用大量自来水冲洗,然后用3%～5%的 $NaHCO_3$ 溶液冲洗,最后再用水冲洗,涂烫伤药膏。

(2) 碱灼伤时,立即用布轻轻擦拭,再用大量自来水冲洗,然后用1%～2%的硼酸溶液冲洗,最后再用水冲洗,涂烫伤药膏。

(3) 溴灼伤时,应立刻用2%的 $Na_2S_2O_3$ 溶液洗至伤处呈白色,然后用蘸有甘油的棉花擦拭。

(4) 热水烫伤时,立即用冷水或冰水浸皮肤,再涂烫伤膏,严重者需就医。

(5) 被灼热的玻璃或仪器烫伤时,应在患处涂红花油,然后擦烫伤膏。

(6) 任何药品溅入眼内,都要立即用大量的水冲洗。冲洗后,如果眼睛仍未恢复正常,应立即送医就治。

1.2 有机化学实验室规则

为了保证有机化学实验正常进行,培养良好的实验方法,并保证实验室的安全,必须严格遵守有机化学实验室的9条规则:

(1) 实验前应做好预习,明确实验目的和要求,熟悉实验原理、内容和方法,写出实验预习报告。未预习或预习报告经检查不合格者,不得进行实验。

(2) 进入实验室后,应首先核对自己所需的仪器、试剂是否齐全,实验装置是否正确、稳妥,还要充分考虑防止事故发生和发生后应采取的安全措施。

(3) 实验时要集中精力、认真操作、仔细观察,并如实、详细地做好记录。原始记录须经指导老师审核、签字。实验完毕,须及时写出实验报告。

(4) 实验中应保持安静,不准大声喧哗、乱丢杂物,不准吸烟、饮食,不得离开实验岗位、随便串走。

(5) 保持实验室内整洁,污物、废品放到指定地点。使用危险品应严格按照规程操作并注意安全防护。有毒废液统一回收处理。

(6) 实验操作要科学、规范、正确,仪器药品摆放整齐、方便取用。在实验过程中,仪器设备如发生故障,须立即报告实验老师及时处理。

(7) 遵守安全规则,注意防火、防爆、防毒、防腐蚀,熟悉灭火器材放置的地点及使用方法。发现危险迹象,应立即报告老师,并及时正确处理。

(8) 爱护公共财物,节约水、电。实验物品不要带出室外。

(9) 学生轮流值日。值日生负责整理公用物品,打扫实验室,清理废物,关好门、窗、水、电。经教师检查后,值日生才能离开实验室。

1.3 有机化学实验常用仪器和设备

1.3.1 玻璃仪器

由于有机化合物具有易腐蚀的特性,有机化学反应通常在玻璃仪器中进行,这样不仅便于观察现象,同时可以消除仪器腐蚀和对反应的影响。使用玻璃仪器必须注意以下5点:

(1) 玻璃仪器易碎,使用时轻拿轻放。

(2) 玻璃仪器除烧杯、烧瓶、试管和一些经特殊加工能加热的仪器外,都不能直接加热。

(3) 锥形瓶、平底烧瓶不耐压,不能用于减压蒸馏。

(4) 玻璃仪器使用后应及时清洗干净,带活塞的玻璃仪器(如分液漏斗等)长时间不用,应在活塞和磨口间垫上小纸条,以防黏结。

(5) 温度计测量温度的范围不能超过其刻度范围,不能把温度计当作搅拌棒使用!温度计用后应缓慢冷却,不能立即用冷水冲洗,以免断裂或汞柱断线。

有机化学实验中所使用的玻璃仪器分为两类,有普通玻璃仪器和标准磨口玻璃仪器两种。

1. 普通玻璃仪器

常见的普通玻璃仪器如图1-1所示。

圆底烧瓶

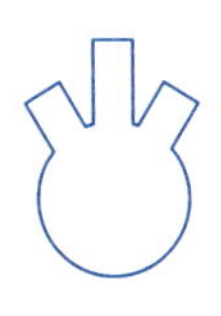
三颈烧瓶

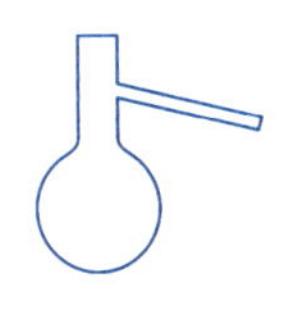
蒸馏烧瓶

烧杯

图1-1

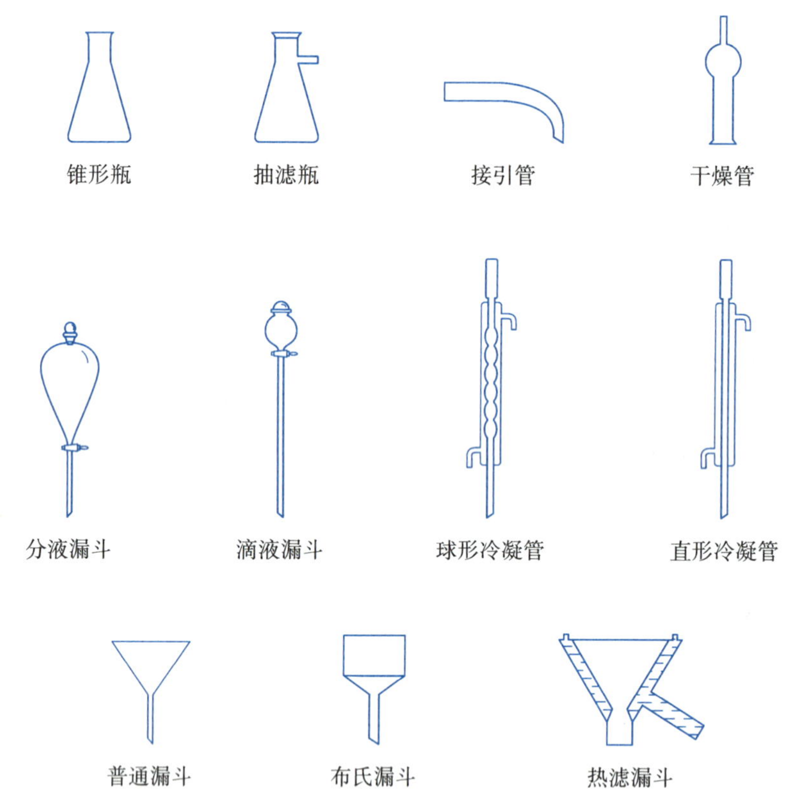

图 1-1 常见的普通玻璃仪器

2. 标准磨口玻璃仪器

有机化学实验中通常使用标准磨口的玻璃仪器。由于磨口尺寸的标准化、系统化及磨砂密合，凡属于同类规格的磨口，都可以任意调换，各部件可组装成各种配套仪器。使用标准磨口玻璃仪器，可以免去配塞子及钻孔等手续，也能免去反应物或产物被软木塞或橡皮塞所沾污。标准磨口玻璃仪器口径的大小，通常用数字编号来表示。该数字是指磨口最大端直径的毫米整数，常用的有 10，14，19，24，29，34，40，50 等。有时也用两组数字来表示，另一组数字表示磨口的长度。例如，“19/30”表示此磨口直径最大处为 19 mm，磨口长度为 30 mm。相同编号的磨口、磨塞可以紧密连接。

常见的标准磨口玻璃仪器如图 1-2 所示。

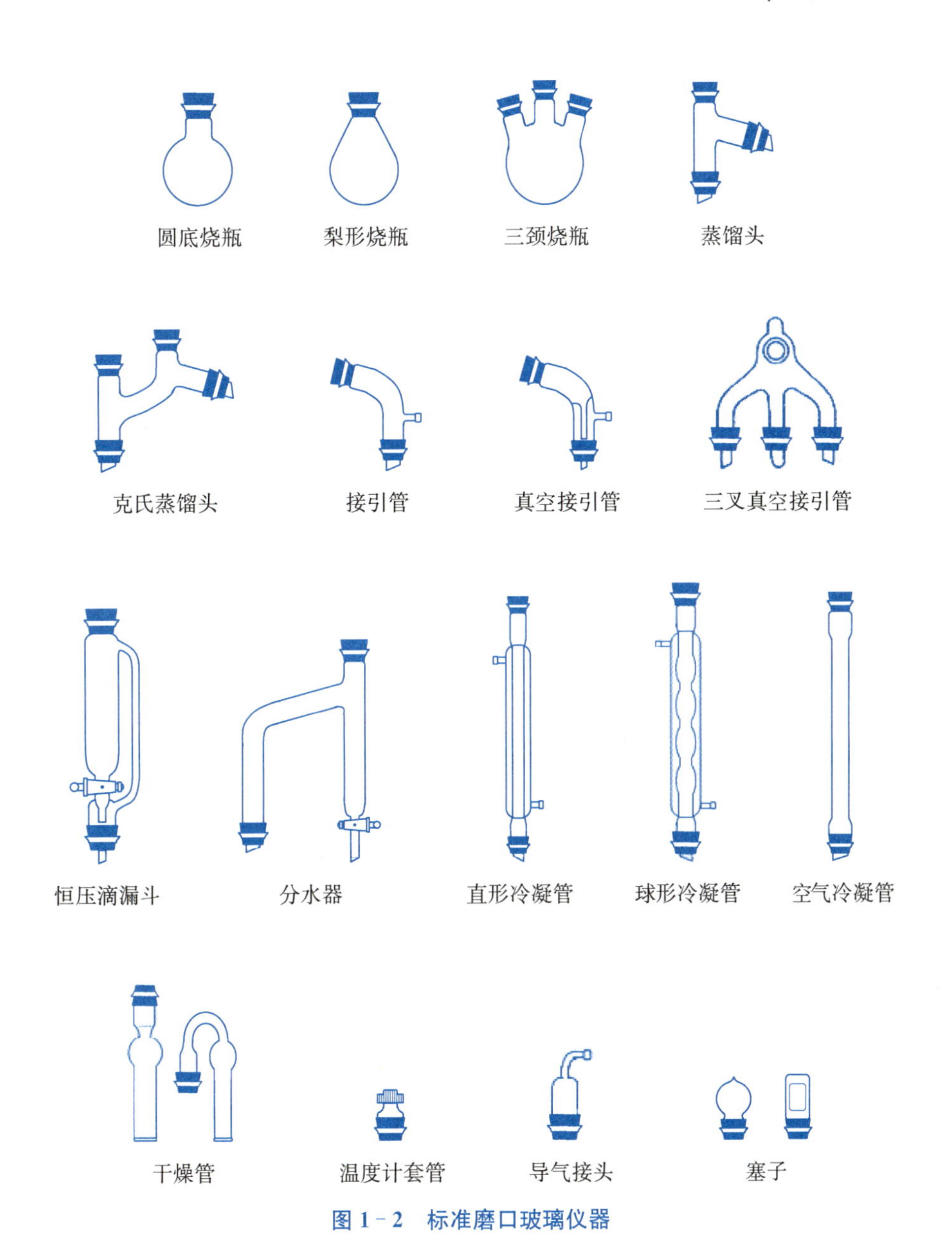

图1-2　标准磨口玻璃仪器

使用标准磨口玻璃仪器时需要注意以下4点：

(1) 磨口处必须洁净，若黏有固体杂物，会使磨口对接不严密而导致漏气。若有硬质杂物，更是会损坏磨口。

(2) 用后应拆卸洗净。否则若长期放置，磨口的连接处常会黏牢而难以拆开。

(3) 一般用途的磨口无需涂润滑剂，以免沾污反应物或产物。若反应中有强碱，则应涂润滑剂，以免磨口连接处因碱腐蚀黏牢而无法拆开。减压蒸馏时，磨口应涂真空脂，以免漏气。

(4) 安装标准磨口玻璃仪器装置时，应注意安装正确、整齐、稳妥，使磨口连接处不受歪斜的应力，否则易将仪器折断，特别是在加热时，仪器受热时应力更大。

1.3.2 金属用具

有机实验中常用的金属用具包括：铁架台、铁夹、铁圈、三脚架、水浴锅、镊子、剪刀、三角锉刀、圆锉刀、压塞机、打孔器、热滤漏斗、煤气灯、不锈钢刮刀、升降台等。

1.3.3 常用电子仪器及设备

1. 电吹风

实验室中使用的电吹风应可吹冷风和热风，供干燥玻璃仪器使用。电吹风宜放干燥处，防潮，防腐蚀。

2. 电加热套

电加热套是玻璃纤维包裹着电热丝织成帽状的加热器，如图 1-3 所示。加热和蒸馏易燃有机物时，由于它不是明火，因此具有不易引起着火的优点，热效率也高。加热温度用调压变压器控制，最高温度可达 400℃左右，是有机实验中一种简便、安全的加热装置。电热套的容积一般与烧瓶的容积相匹配，从 50 mL 起，各种规格均有。电热套主要用作回流加热的热源。用它进行蒸馏或减压蒸馏时，随着蒸馏的进行，瓶内物质逐渐减少，这时使用电热套加热，就会使瓶壁过热，造成蒸馏物被烤焦的现象。若选用大一号的电热套，在蒸馏过程中，不断降低垫电热套的升降台的高度，就可以避免烤焦现象。

图 1-3 电加热套

3. 磁力搅拌器

磁力搅拌器的搅拌部分由一根以聚四氟乙烯密封的磁铁(叫磁子)和一个可旋转的磁铁组成。将磁子投入盛有欲搅拌的反应物容器中，将容器置于内有旋转磁场的搅拌器托盘上，接通电源，由于内部磁铁旋转，使磁场发生变化，容器内磁子亦随之旋转，可以达到搅拌的目的。磁力搅拌器一般都有控制磁铁转速的旋钮及可控制温度的加热装置，如图 1－4 所示。

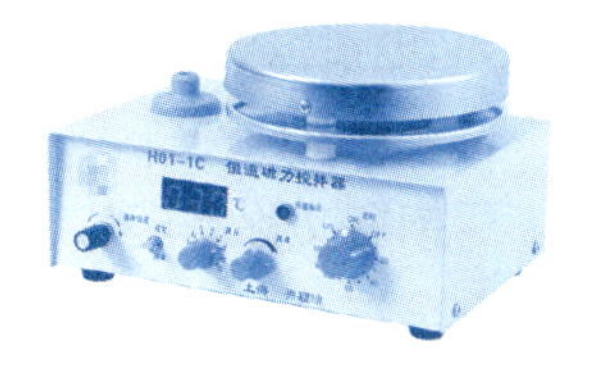

图 1－4 磁力搅拌器

4. 电动搅拌器

如图 1－5 所示的电动搅拌器一般适用于油水等溶液或固-液反应中，不适用于过黏的胶状溶液。若超负荷使用，电动搅拌器易发热而被烧毁。使用时必须接上地线。平时应注意保持清洁干燥，防潮，防腐蚀。轴承应经常加油以保持润滑。

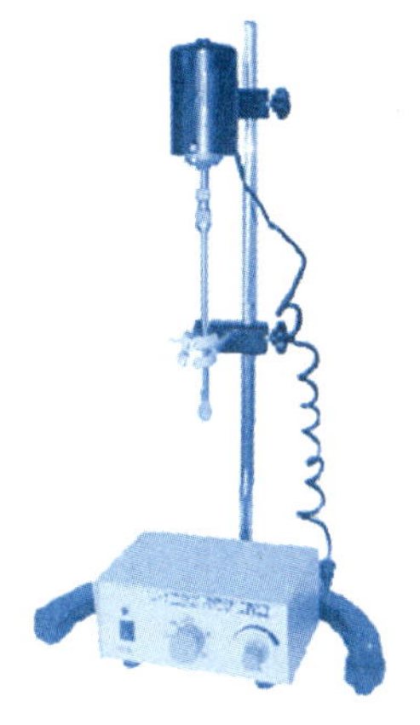

图 1－5 电动搅拌器

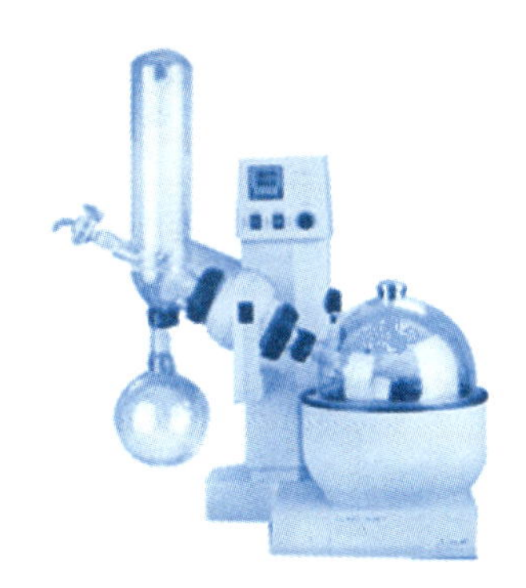

图 1－6 旋转蒸发仪

5. 旋转蒸发仪

旋转蒸发仪由马达带动可旋转的蒸发器、冷凝器和接受器组成，如图 1－6 所示。通常在减压下操作，可一次进料，也可分批吸入蒸发料液。由于蒸发器不断旋转，可免加沸石而不会暴沸。蒸发器旋转时，会使料液的蒸发面大大增加，从而加快蒸发速度。因此，旋转蒸发仪是浓缩溶液、回收溶剂的理想装置。

6. 电热烘箱

电热烘箱是实验室通用的干燥设备，常用于干燥耐热玻璃仪器和无腐蚀性、热稳定性好的化学样品。一般采用自动温度控制器控温，最高工作温度可达 300℃。电热烘箱种类较多，有电热恒温干燥箱、数字显示电热恒温干燥箱、电热恒温鼓风干燥箱（图 1－7）、电热真空干

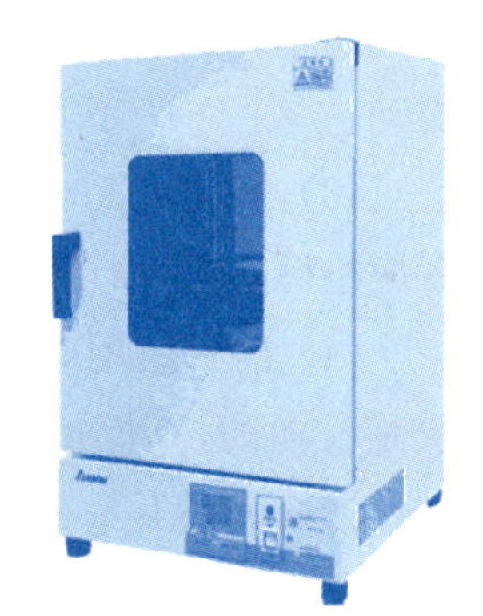

图 1－7 电热恒温鼓风干燥箱

燥箱、电热恒温培养箱、恒温恒湿试验箱等多种产品。

7. 钢瓶

钢瓶又称高压气瓶，是一种在加压下贮存或运送气体的容器，通常有铸钢、低合金钢等钢瓶。H_2、O_2、N_2、空气等在钢瓶中呈压缩气状态，CO_2、NH_3、Cl_2、石油气等在钢瓶中呈液化状态。乙炔钢瓶内装有多孔性物质（如木屑、活性炭等）和丙酮，乙炔气体在压力下溶于其中。为了防止各种钢瓶混用，全国统一规定了钢瓶瓶身、横条以及标字的颜色进行区别。现将常用的几种钢瓶的标色列于表 1－2。

表 1－2　常见几种钢瓶的标色

气体类型	瓶身颜色	横条颜色	标字颜色
N_2	黑色	棕色	黄色
空气	黑色		白色
CO_2	黑色		黄色
O_2	天蓝色		黑色
H_2	深绿色	红色	红色
Cl_2	草绿色	白色	白色
NH_3	黄色		黑色

使用钢瓶时应注意以下 7 点：

（1）钢瓶应放置在阴凉、干燥、远离热源的地方，避免日光直晒。氢气钢瓶应放在与实验室隔开的气瓶房内。实验室中应尽量少放钢瓶。

（2）搬运钢瓶时要旋上瓶帽，套上橡皮圈，轻拿轻放，防止摔碰或剧烈振动。

（3）使用钢瓶时，如直立放置应有支架或用铁丝绑住，以免摔倒；如水平放置应垫稳，防止滚动。还应防止油和其他有机物沾污钢瓶。

（4）钢瓶使用时要用减压表，一般可燃性气体（H_2、乙炔等）钢瓶气门螺纹是反向的，不燃或助燃性气体（N_2、O_2 等）钢瓶气门螺纹是正向的。各种减压表不得混用。开启气门时应站在减压表的另一侧，以防减压表脱出而被击伤。

（5）钢瓶中的气体不可用完，应留有 0.5%表压以上的气体，以防止在重新灌气时发生危险。

(6) 用可燃性气体时,一定要有防止回火的装置(有的减压表带有此种装置)。在导管中塞细铜丝网,在管路中加液封,可以起到保护作用。

(7) 钢瓶应定期进行试压检验(一般钢瓶 3 年检验 1 次)。钢瓶逾期未经检验或锈蚀严重时,不得使用。漏气的钢瓶不得使用。

1.4　玻璃仪器的洗涤和干燥

1.4.1　玻璃仪器的洗涤

有机化学实验室经常使用玻璃仪器。用洁净的仪器进行实验是保证实验得到预期结果的前提条件,一般的清洗方法是将毛刷淋湿,蘸上去污粉,洗刷玻璃器皿的内外壁,除去玻璃表面的污物,然后用水冲洗。有时去污粉的微小颗粒子黏附在玻璃器皿壁上,不易被水冲走,此时可用 2%的盐酸摇洗,再用自来水清洗。当仪器倒置、器壁不挂水珠时,表明已洗净,可供一般实验使用。在某些实验中,当需要更加洁净的仪器时,可使用洗涤剂洗涤。若用于精制产品,或供有机分析用的仪器,则须用蒸馏水摇洗,以除去自来水冲洗时带来的杂质。

若遇到难于清洗的污垢,可根据污垢的性质选用适当的洗液进行洗涤。酸性的污垢用碱性洗液洗涤,碱性的污垢用酸性洗液洗涤;有机污垢用碱性或有机溶剂洗涤。

1.4.2　玻璃仪器的干燥

常用的仪器应在每次实验完毕后洗净干燥备用。通常可以采用以下 3 种方法。

1. 晾干

不急用、要求一般干燥的仪器,洗净后可在无尘处倒置晾干。

2. 烘干

将洗净的仪器内的水尽量沥干,再将仪器放入烘箱,烘箱温度设置为 105～120℃,烘 1 h 左右。带活塞的仪器需取出活塞后再烘干。

3. 热(冷)风吹干

对于较大的仪器或在洗涤后需立即使用的仪器,可将水尽量沥干后,加入少量的乙醇或丙酮摇洗，再将溶剂倒出。然后通入冷风1～2 min，当大部分溶剂挥发后，再用热风使仪器干燥完全。最后用冷风吹出残留的蒸气，使其不再冷凝在容器内。此法要求通风好，防止中毒，不接触明火，以防有机溶剂爆炸。

1.5 加热和冷却

1.5.1 加热与热源

实验室常用的热源有煤气、酒精灯和电能。为了加速有机反应，往往需要加热。从加热方式来看，有直接加热和间接加热两种。

在有机实验室一般不用直接加热。例如，用电热板加热圆底烧瓶，会因受热不均匀，导致局部过热，甚至导致烧瓶破裂，所以，在实验室安全规则中规定，禁止用明火直接加热易燃的溶剂。

为了保证加热均匀，一般使用热浴间接加热，作为传热的介质有空气、水、有机液体、熔融的盐和金属。根据加热温度、升温速度等的需要，常采用下列5种方法。

1. 空气浴

空气浴是利用热空气间接加热，对于沸点在80℃以上的液体均可采用。把容器放在石棉网上加热，这就是最简单的空气浴。但是这种受热仍不均匀，故不能用于回流低沸点易燃的液体或者减压蒸馏。

半球形的电热套属于比较好的空气浴，因为电热套中的电热丝用玻璃纤维包裹，加热和蒸馏有机物时，具有不易引起着火、热效率高的优点。加热温度可用调压变压器控制，最高加热温度可达400℃，是有机化学实验中一种简便、安全的加热装置。电热套的容积一般应与烧杯的容积相匹配，烧瓶外壁与电热套内壁应保持1～2 cm的距离，以防止局部过热。

2. 水浴

当加热的温度在80℃以下时可使用水浴，水浴为较常用的热浴。使用水浴时，勿使容器触及水浴器壁或其底部。由于水浴中的水不断蒸发，适当时应添加热水，使水浴中水面经常保持稍高于容器内的液面。

3. 油浴

加热温度在80～250℃之间时可使用油浴。油浴所能达到的温度取决于使用的油的种类，常用的油浴液如表1-3所示。

表1-3　常见的油浴液

油浴液种类	甘油	豆油和棉籽油	液体石蜡	硅油
可加热的最高温度(℃)	140～180	200	220	250

由于油类易燃，加热时应用一支温度计观察温度。若发现油受热冒烟时，应立即停止加热。注意油浴温度不要超过所能达到的最高温度。植物油中加入1%的对苯二酚，可增加其热稳定性。

加热完毕取出反应容器时，仍用铁夹夹住反应容器使其离开液面悬置片刻，待容器壁上附着的油滴完后，用纸和干布擦干。

4. 酸液

常用酸液为浓硫酸，可热至250～270℃。当加热至300℃左右时分解，生成白烟。若添加适量 K_2SO_4，则加热温度可升到350℃左右。

5. 砂浴

加热温度在200℃或300℃以上时可用砂浴。一般是用铁盆装干燥的细海砂(或河砂)，把反应容器半埋于砂中加热。砂浴的缺点是传热慢，温度上升慢且不易控制，因而使用不广泛。

1.5.2　冷却与冷却剂

在有机实验中，有时须采用一定的冷却剂进行冷却操作，在一定的低温条件下进行反应、分离提纯等。

根据不同的要求，选用适当的冷却剂冷却，最简单的方法就是将反应容器浸在冷水中冷却。有些反应要在低温下进行，这时最常用的冷却剂是冰或冰和水的混合物，后者由于能和器壁接触得更好，冷却的效果比单用冰要好。如果有水存在，并不妨碍反应的进行，也可以把冰投入反应物中，这样可以更有效地保持低温。

如果要将反应物冷却到0℃以下，可用碎冰加无机盐的混合物做冷却剂。注意在制备冷却剂时，应把盐碾碎，再与冰按一定比例混合。各种无机盐加入比例及混合物能达到的最低温度如表1-4所示。

表 1-4　各种无机盐加入比例及混合物能达到的最低温度

盐类	每 100 g 冰加入盐的用量(g)	能达到的最低温度(℃)
NH_4Cl	25	−15
KCl	30	−11
NH_4NO_3	45	−16
$NaNO_3$	50	−18
NaCl	33	−21
$CaCl_2 \cdot 6H_2O$	143	−55

干冰(固体 CO_2)与适当的有机溶剂混合时,可以得到更低的温度。例如,干冰和乙醇或丙酮的混合物温度可达到−78℃。液氮可冷至−188℃。液氮和干冰应盛放在保温瓶(也叫杜瓦瓶)或其他绝热较好的容器中,上口用铝箔覆盖,以减少挥发。

在使用温度低于−38℃的冷浴时,不能使用水银温度计,这是因为水银在−38.87℃时会凝固,应使用以乙醇、正戊烷等制成的低温温度计。

1.6　干燥和干燥剂

干燥是除去固体、液体或气体内水分的方法,这是有机化学实验中最普遍、最常用的一项操作。制备实验中经常会遇到试剂、溶剂和产品的干燥问题。有机化合物在进行波谱分析或定性分析及物理常数的鉴定之前,都必须使它完全干燥,否则将影响结果的准确性。

有机物干燥的方法大致有物理方法(不加干燥剂)和化学方法(加入干燥剂)两种。物理方法有吸附、分馏、利用共沸蒸馏等方法将水分带走。近年来还常用离子交换树脂和分子筛进行脱水干燥。在实验室中常用化学干燥法,化学干燥是利用化学干燥剂和水进行化学反应而达到除水和干燥目的的一种方法。

根据干燥剂和水的作用机理,干燥剂可分为两类:①可与水发生不可逆的化学反应,生成新的化合物,如金属 Na、CaO 等;②可与水发生可逆反应,生成水合物,如 $CaCl_2$、$MgSO_4$ 等。在有机化学实验中经常使用的是第二类干燥剂。

应用第二类干燥时应注意以下 4 个问题:

(1) 因为是可逆反应,形成的水合物根据其组成在一定温度下保持恒定的蒸气压,与被干燥的液体和干燥剂的相对量无关。也就是说,无论加入多少干燥剂,在室温下所达到的蒸气压是不变的,即不可能把水完全除尽,因此,干燥剂的加入量要适当，一般为5%左右。

(2) 干燥剂只适用于干燥含少量水的液体有机化合物，如果含大量水，则必须在干燥前除去。

(3) 温度升高后，水合物会分解，因此，在蒸馏前必须把干燥剂除去。

(4) 干燥剂形成水合物达到平衡需要时间，因此，在加入干燥剂后，最少要放置0.5～2 h或更长时间。

1.6.1　液体的干燥

1. 干燥剂的选择

常用干燥剂的种类很多，选用时必须注意下列3点：

(1) 干燥剂与被干燥物不发生化学变化。

(2) 干燥剂应不溶于有机液体中，且使用后易与被干燥物完全分离。

(3) 干燥剂的干燥速度快，吸水量大，价格便宜。

2. 干燥剂的吸水容量和干燥效能

吸水容量是指单位重量干燥剂吸水量的多少，干燥效能是指达到平衡时液体被干燥的程度。对于形成水合物的无机盐干燥剂，常用吸水后结晶水的蒸气压来表示其干燥效能。蒸气压越小，相应干燥剂的干燥效能也就越好。例如，无水 Na_2SO_4 可形成 $Na_2SO_4 \cdot 10H_2O$，即1 g的 Na_2SO_4 最多能吸1.27 g的水，其吸水容量为1.27，但其水合物的水蒸气压也较大(25℃时为0.26 kPa)。$CaCl_2$ 能形成 $CaCl_2 \cdot 6H_2O$，其吸水容量为0.97，此水合物在25℃时水蒸气压为0.04 kPa。因此，无水 Na_2SO_4 的吸水量较大，但干燥效能弱，而无水 $CaCl_2$ 的吸水容量虽然较小，但干燥效能强。干燥操作时，应根据除去水分的具体要求而选择合适的干燥剂。有时对含水较多的体系，常先用吸水量大的干燥剂干燥，然后再用干燥效能强的干燥剂。通常这类干燥剂形成水化物需要一定的平衡时间，所以，加入干燥剂后必须放置一段时间才能达到脱水效果。

常用干燥剂的性能与适用范围如表1-5所示。

表1-5　常用干燥剂的性能与适用范围

干燥剂	与水作用后产物	性质	干燥效能	干燥速度	适用范围	非适用范围
$CaCl_2$	$CaCl_2 \cdot nH_2O$ n=1, 2, 4, 6	中性	中等	较快	烃、卤代烃、烯烃、酮、醚	氨、胺、醇、酯、酸、酰胺及某些醛酮

续 表

干燥剂	与水作用后产物	性质	干燥效能	干燥速度	适用范围	非适用范围
$MgSO_4$	$MgSO_4 \cdot nH_2O$ n=1，2，4，5，6，7	中性	较弱	较快	应用范围广，可代替 $CaCl_2$，并可用于干燥酯、醛、酮、腈、酰胺等不能用 $CaCl_2$ 干燥的化合物	
Na_2SO_4	$Na_2SO_4 \cdot 10H_2O$	中性	弱	缓慢	同上，一般用于有机液体的初步干燥	
$CaSO_4$	$2CaSO_4 \cdot H_2O$	中性	强	快	$CaSO_4$ 经常与 Na_2SO_4（$MgSO_4$）配合，作最后干燥使用	
K_2CO_3	$K_2CO_3 \cdot 1/2H_2O$	碱性	较弱	慢	醇、酮、酯、胺、杂环等碱性化合物	酸、酚及其他酸性化合物
NaOH/ KOH	溶于水	碱性	中等	快	胺、杂环等碱性化合物	醇、酯、醛、酮、酸、酚、酸性化合物
CaH_2	$Ca(OH)_2+H_2$	碱性	强	慢	碱性、中性、弱酸性化合物	对碱敏感的化合物
CaO/BaO	$Ca(OH)_2$ $Ba(OH)_2$	碱性	强	较快	低级醇类、胺	
Na	H_2+NaOH	碱性	强	快	限于干燥醚、烃、芳烃、叔胺中的痕量水分	氯代烃类（会发生爆炸危险），醇类，伯、仲胺类及其他易和金属 Na 起作用的物质

续　表

干燥剂	与水作用后产物	性质	干燥效能	干燥速度	适用范围	非适用范围
P_2O_5	H_3PO_4	酸性	强	快	干燥烃、卤代烃、腈等中的痕量水分	醇、酸、胺和酮
分子筛	物理吸附	中性	强	快	适用于各类有机化合物	

3. 干燥剂的用量

掌握好干燥剂的用量十分重要。若用量不足，则不可能达到干燥的目的；若用量太多，则会由于干燥剂的吸附而造成液体的损失。以乙醚为例，水在乙醚中的溶解度在室温时为1%～1.5%，若用无水$CaCl_2$来干燥100 mL含水的乙醚时，全部转变成$CaCl_2 \cdot 6H_2O$，其吸水容量为0.97，也就是说，1 g的无水$CaCl_2$大约可吸收0.97 g的水，这样，无水$CaCl_2$的理论用量至少为1 g，而实际上其用量远远超过1 g，这是因为醚层中还有悬浮的微细水滴，其次形成高水合物的时间很长，往往不可能达到应有的吸水容量，故实际投入的无水$CaCl_2$的量是大大过量的，常需用7～10 g的无水$CaCl_2$。操作时，一般投入少量干燥剂到液体中，进行振摇，如出现干燥剂附着器壁或相互黏结时，则说明干燥剂用量不够，应再添加干燥剂；如投入干燥剂后出现水相，必须用吸管把水吸出，然后再添加新的干燥剂。

干燥前，液体呈浑浊状，经干燥后变成澄清，这可简单地作为水分基本除去的标志。一般干燥剂的用量为每10 mL液体约需0.5～1 g。由于含水量不等、干燥剂质量的差异、干燥剂的颗粒大小和干燥时的温度不同等因素，较难规定具体数量，上述数量仅供参考。

4. 液态有机化合物干燥的操作

液态有机化合物的干燥操作一般在干燥的锥形瓶中进行。把按照条件选定的干燥剂投入液体里，塞紧(用金属钠作干燥剂时则例外，此时塞中应插入一个无水$CaCl_2$管，使H_2放空而水气不致进入)，振荡片刻，静置一段时间，使所有的水分全被吸去。如果水分太多，或干燥剂用量太少，致使部分干燥剂溶解于水时，可将干燥剂滤出，用吸管吸出水层，再加入新的干燥剂，放置一定时间，并时时加以振摇，再通过过滤将液体与干燥剂分离，进行蒸馏精制。

各类液态有机化合物的适用干燥剂如表 1-6 所示。

表 1-6　各类液态有机化合物的适用干燥剂

液态有机化合物	适用的干燥剂
醚类、烷烃、芳烃	$CaCl_2$，Na，P_2O_5
醇类	K_2CO_3，$MgSO_4$，Na_2SO_4，CaO
醛类	$MgSO_4$，Na_2SO_4
酮类	$MgSO_4$，Na_2SO_4，K_2CO_3
酸类	$MgSO_4$，Na_2SO_4
酯类	$MgSO_4$，Na_2SO_4，K_2CO_3
卤代烃	$CaCl_2$，$MgSO_4$，Na_2SO_4，P_2O_5
有机碱类(胺类)	NaOH，KOH

1.6.2　固体的干燥

从重结晶得到的固体常带水分或有机溶剂，应根据化合物的性质选择适当的方法进行干燥。

1. 自然晾干

自然晾干是最简便、最经济的干燥方法。把要干燥的化合物先在滤纸或表面皿上铺成一薄层，用另一张滤纸覆盖上，以免灰尘玷污，然后在室温下放置直到干燥为止。

2. 红外线干燥

红外线干燥又称辐射干燥，是指利用红外线辐射使干燥物料中的水分汽化的干燥方法。其特点是穿透性强，干燥快。干燥的温度应低于晶体的熔点，干燥时旁边可放一支温度计，以便控制温度。要随时翻动固体，防止结块。

对于常压下易升华或热稳定性差的样品，不能用红外灯干燥。

3. 烘箱干燥

烘箱用来干燥无腐蚀、无挥发、加热不分解的物品。加热的温度不要超过该固体的熔点，以免固体变色和分解。

切忌将挥发、易燃、易爆物放在烘箱内烘烤，以免产生危险。

4. 干燥器干燥

对易吸湿或在较高温度干燥时会分解或变色的物品，可用干燥器干燥。

干燥器有普通干燥器和真空干燥器两种。图1-8为普通干燥器和真空干燥器示意图。普通干燥器一般适用于保存易潮解或升华的样品，但干燥效率不高，所费时间较长。干燥剂通常放在多孔瓷板下面，待干燥的样品用表面皿或培养皿盛装，置于瓷板上面，所用干燥剂由被除去溶剂的性质而定。

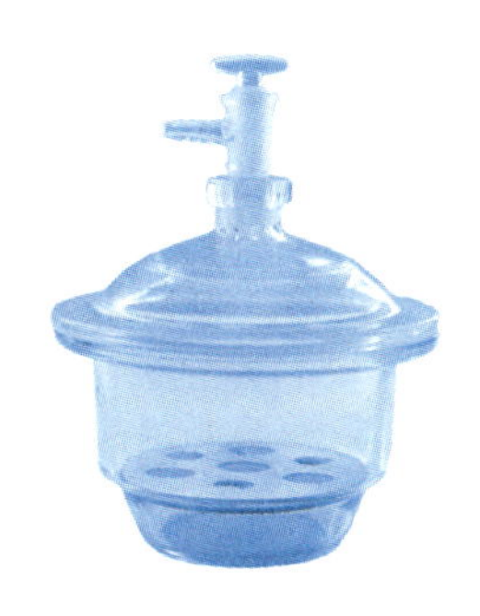

图1-8　普通干燥器和真空干燥器

真空干燥器比普通干燥器干燥效率高，但不适应于易升华物质的干燥。使用时，待干燥的样品用表面皿或培养皿盛装，置于瓷板上面，盖好干燥器，用水泵抽气（要接上安全瓶，以免水泵中的水倒吸入干燥器中），放置一段时间。取样时，放气速度要慢，且用滤纸偏挡住入口，以免气流冲散样品。

5. 真空冷冻干燥

真空冷冻干燥简称冻干，是将湿物料或溶液在较低的温度（−10℃以下）下冻结成固态，然后在真空（1.3～13 Pa）下使其中的水分不经液态直接升华成气态，最终使物料脱水的干燥技术。对于一些受热时不稳定的样品，可以用真空冷冻干燥机进行干燥。图1-9为真空冷冻干燥机示意图。

图1-9　真空冷冻干燥机

1.6.3　气体的干燥

有气体参加反应时，常常将气体发生器或钢瓶中的气体通过干燥剂进行干燥。

气体的干燥通常是将气体通过装有干燥剂的容器进行干燥。固体干燥剂一般装在干燥塔、干燥管或大的U形管内，如图1-10所示。液体干燥剂则装在各种形式的洗气瓶中，如图1-11所示。

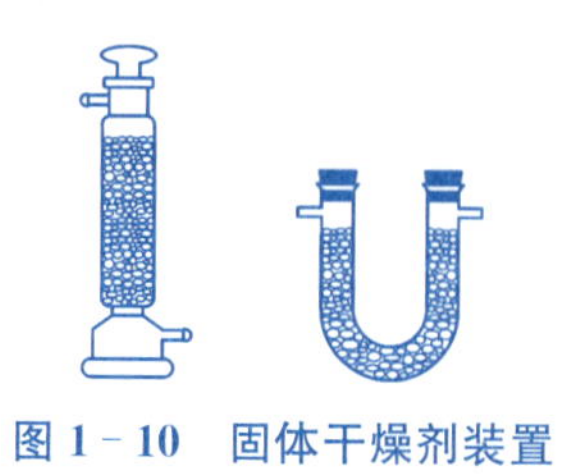

图 1-10　固体干燥剂装置　　图 1-11　液体干燥剂装置

干燥剂的选择，要根据被干燥气体的性质、用量、潮湿程度以及反应条件，选择不同的干燥剂和仪器。干燥气体常用的干燥剂如表 1-7 所示。

表 1-7　用于干燥气体的常用干燥剂

干燥的气体	适用干燥剂
浓硫酸	H_2，N_2，CO_2，Cl_2，HCl，烷烃
P_2O_5	H_2，N_2，O_2，Cl_2，CO_2，SO_2，烷烃，烯烃，醚，卤代烃
$CaCl_2$	H_2，N_2，O_2，CO，CO_2，SO_2，HCl，H_2S
$CaBr_2$	HBr
CaI_2	HI
CaO，NaOH，KOH	H_2，N_2，O_2，NH_3，烷烃

1.7　实验预习、记录和实验报告

有机化学实验是一门综合性较强的实践性课程，是培养学生独立工作能力的重要环节。完成一份正确、完整的实验报告，是一个很好的训练过程。

1.7.1　实验预习

为了使实验能达到预期效果，在实验之前要做好预习和准备。预习时要反复阅读实验内容，领会实验原理，了解实验步骤以及相关注意事项，并且在预习报告本上写好预习提纲。预习的具体要求如下：

(1) 明确实验目的、要求。

(2) 理解实验原理，知道主要反应和副反应的反应式。

(3) 实验所需仪器的规格、试剂和产物的物理常数及性质、试剂的用量等，按实验中的要求列出即可。

(4) 画出实验装置图。

(5) 写出实验的简洁步骤。

(6) 弄清本次实验的关键、难点,以及实验中可能存在的安全问题和应对措施。

1.7.2 实验记录

实验时认真操作、仔细观察、积极思考、边实验边记录,是科研工作者的基本素质之一。学生在实验课应养成这一良好的习惯,切忌事后凭记忆或纸片上的零星记载来补做实验记录。

在实验记录中应包括以下内容:

(1) 每一步操作观察到的现象,如是否放热、颜色变化、有无气体产生、分层与否、温度、时间等。

(2) 实验中测得的各种数据,如沸程、熔点、比重、折光率、称量数据(重量或体积)等。

(3) 产品的色泽、晶形等。

1.7.3 实验报告

实验报告是在实验结束后对实验过程进行总结、归纳和整理,对实验现象和实验结果进行讨论分析,是完成整个实验的重要组成部分。实验报告的内容应该包括:实验目的、实验原理、实验仪器、实验药品或试剂、实验装置图、实验步骤、实验结果和数据处理、实验讨论与思考题解答。

实验报告的参考格式如下:

有机化学实验报告

日期:×年×月×日,星期× 室温:25℃

乙酸乙酯的合成

一、实验目的

(1) 熟悉酯化反应原理及进行的条件,掌握乙酸乙酯的合成方法;

(2) 掌握液体有机物的精制方法;

(3) 熟悉常用的液体干燥剂,掌握其使用方法。

二、实验原理

有机酸酯可用醇和羧酸在少量无机酸催化下直接酯化制得。当没有催化剂存在时，酯化反应很慢；当采用酸作催化剂时，可以大大加快酯化反应的速度。酯化反应是一个可逆反应。为使平衡向生成酯的方向移动，常常使反应物之一过量，或将生成物从反应体系中及时除去，或者上述两种方法兼用。

本实验利用共沸混合物、反应物之一过量的方法合成乙酸乙酯。

$$CH_3CO_2H + CH_3CH_2OH \xrightleftharpoons[\triangle]{浓\ H_2SO_4} CH_3CO_2C_2H_5 + H_2O$$

三、仪器与试剂

1. 实验仪器

圆底烧瓶，冷凝管，温度计，蒸馏头，分液漏斗，酒精灯，接液管，锥形瓶。

2. 实验药品

冰醋酸 7.2 mL(7.5 g，0.125 mol)，95%的乙醇 11.5 mL(9.2 g，0.185 mol)，浓硫酸 4 mL，饱和 Na_2CO_3 溶液 10 mL，饱和 $CaCl_2$ 溶液 10 mL，饱和食盐水，无水 $MgSO_4$。

3. 装置图

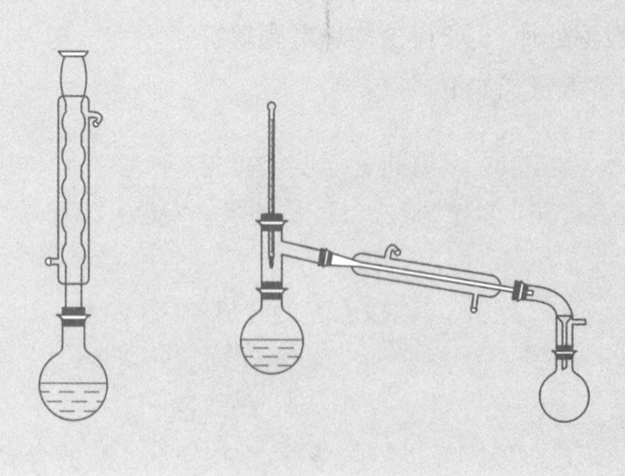

四、实验步骤

1. 回流

在 100 mL 圆底烧瓶中，加入 7.2 mL 的冰醋酸和 11.5 mL、95%的乙醇，混合均匀后，将烧瓶放置于冷水浴中。分批缓慢加入 4 mL 的浓硫酸，同时振摇烧瓶。混匀后加入 2～3 粒沸石，按照装置图安装好回流装置，打开冷凝水，用电热套加热，保持反应液在微沸状态下回流 30 min。

2. 蒸馏

反应完成后，冷却近室温，将装置改成蒸馏装置，用电热套加热，收集 70～79℃馏分。

3. 乙酸乙酯的精制

(1) 中和：在粗乙酸乙酯中慢慢加入约 10 mL 饱和 Na_2CO_3 溶液，直到无 CO_2 气体逸出。然后，将混合液倒入分液漏斗中，静置分层后，放出下层的水。

(2) 用约 15 mL 的饱和食盐水洗涤酯层，充分振摇，静置分层后，分出水层。

(3) 每次用 5 mL 的饱和 $CaCl_2$ 溶液洗涤两次，弃去水层。

(4) 酯层转入干燥的锥形瓶中，用无水 $MgSO_4$ 干燥。

(5) 将干燥好的粗乙酸乙酯倒入圆底烧瓶中，搭蒸馏装置，加热蒸馏，收集 73～78℃的馏分。

五、实验结果与数据处理

实验得到无色透明液体 5.4 g，

$$产率 = \frac{实际产量}{理论产量} \times 100\% = \frac{5.4}{11} \times 100\% = 49.1\%$$

六、思考与分析(略)

第 2 章
有机化学实验基本操作

2.1 有机化合物物理常数测定

实验 1 熔点的测定

一、实验目的

（1）了解熔点测定的意义。
（2）掌握测定熔点的操作。

二、实验原理

熔点是固体有机化合物固液两态在大气压力下达成平衡的温度。纯净的固体有机化合物一般都有固定的熔点。固液两态之间的变化非常敏锐，物质受热后，从开始熔化到全部熔完的温度差称作熔程。纯化合物的熔程不超过 0.5～1℃。如果该物质含有杂质，则其熔点往往较纯物质低，且熔程也较长。因此，可以根据熔点测定，初步鉴定化合物或判断其纯度。

加热纯有机化合物，当温度接近其熔点范围时，化合物温度不到熔点时以固相存在；加热使温度上升达到熔点，开始有少量液体出现，而后固液相平衡；继续加热，温度不再变化，此时加热所提供的热量使固相不断转变为液相，两相间仍为平衡；最后固体完全熔化，继续加热则温度线性上升。因此，在接近熔点时加热速度一定要慢，每分钟温度升高不能超过 1～2℃，只有这样，才能使整个熔化过程尽可能接近两相平衡条件，测得的熔点也越精确，如图 2－1 所示。

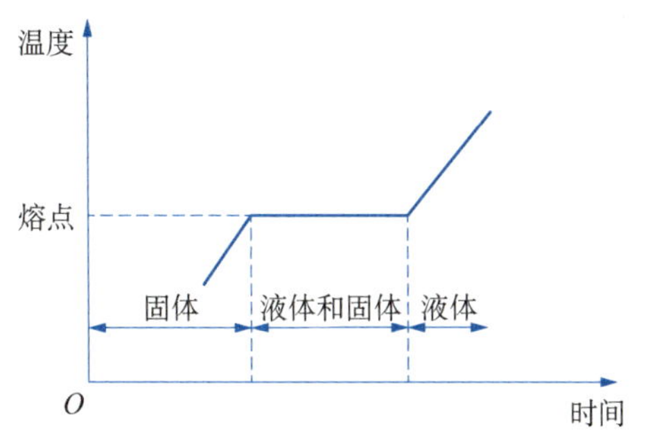

图 2－1　相随时间和温度的变化

当含杂质时（假定两者不形成固溶体），根据拉乌耳定律可知，在一定的压力和温度条件下，在溶剂中增加溶质，导致溶剂蒸气分压降低，化合物的熔点比纯物质低。如图 2－2 所示，将出现新的液体曲线 M_1L_1，固液两相交点 M_1 即代表含有杂质化合物达到熔点时的固液相平衡共存点，T_{M_1} 为含杂质时的熔点，显然此时的熔点比纯物质低。

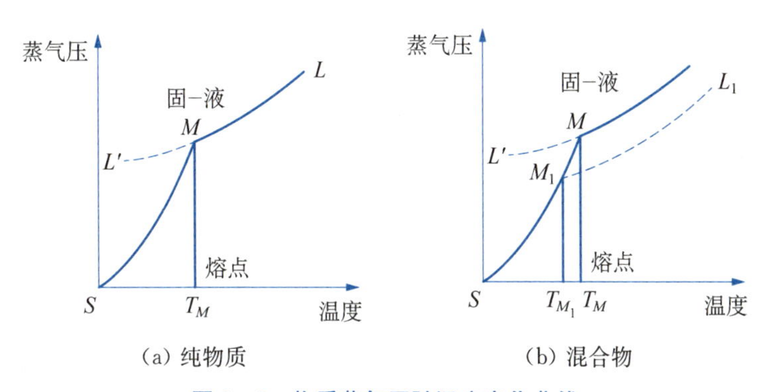

图 2－2　物质蒸气压随温度变化曲线

方法(一)　显微熔点仪测熔点

三、仪器与试剂

1. 实验仪器

SGW® X－4 显微熔点仪。

2. 实验药品

3 个样品：A. 纯尿素(m. p. 132. 7℃)；B. 纯肉桂酸(m. p. 133℃)；C. 尿素：肉桂酸＝1∶1 的混合物。

3. 实验装置图

实验装置如图 2－3 所示。

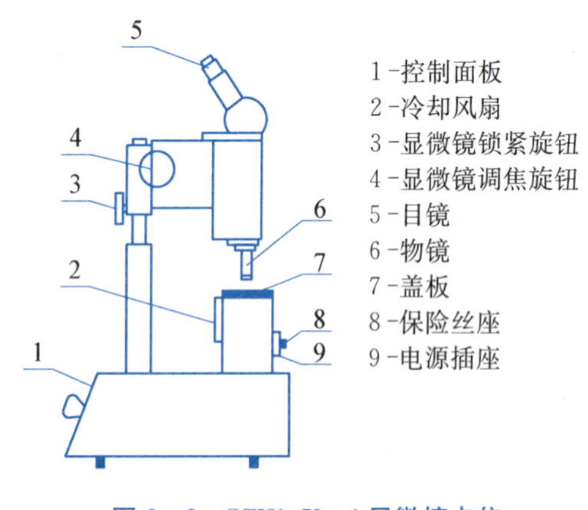

图 2－3　SGW® X－4 显微熔点仪

四、实验步骤

(1) 打开显微熔点仪电源开关，从显微镜中观察加热台中心光孔是否处于视场中。若出现左右偏，可左右调节显微镜来解决；若前后不居中，可以松动加热台两旁的两个螺丝，通过调节加热台位置来解决。

(2) 取少许样品于盖玻片上，再用另一片盖玻片盖上。将两片合上的盖玻片放到加热台上。

(3) 将开关置于加热位置，调节升温速率旋钮，保持升温速度为 1～2℃/min。

(4) 注意观察样品的状态，记下样品始熔和全熔时的温度，完成 1 次测量。

(5) 将开关置于中间关的状态，这时加热停止。自然冷却到 20℃左右，放入新样品，将开关置于加热，进行重复测量，每个样品测 3 次，最后取平均值。

(6) 测量完毕，将开关置于吹风模式，快速冷却至室温。再将开关置于关的状态，然后关闭电源。

五、注意事项

(1) 当接近熔点时，升温不能太快，不能超过 1～2℃/min。

(2) 样品尽可能少，切忌堆积，否则影响对样品熔化的观察，容易引起熔点测定误差。

(3) 测量完毕，用镊子取走盖玻片时要小心操作，避免烫伤事故的发生。

方法(二)　提勒管法测熔点

三′、仪器与试剂

1. 实验仪器

提勒管，酒精灯，熔点管，温度计(0～200℃)，表面皿，玻璃管。

2. 实验药品

浓硫酸；3 个样品：A. 纯尿素(熔点 m. p. ＝132.7℃)；B. 纯肉桂酸(熔点 m. p. ＝133℃)；C. 尿素∶肉桂酸＝1∶1 的混合物。

3. 实验装置图

实验装置如图 2－4 所示。

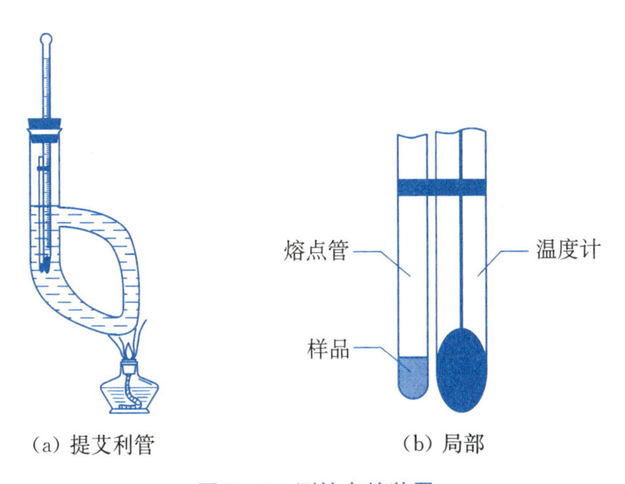

图 2－4　测熔点的装置

四′、操作步骤

(1) 将毛细管开口一端向下插入干燥且已研细的样品堆中，然后把熔点管开口朝上，沿着干燥的玻璃管自由落到实验桌面。反复几次，让试样紧密堆实，试样高 2～3 mm。

(2) 将熔点管用橡皮圈固定在温度计上，并使毛细管的装样处位于温度计水银球的中部，如图 2-4 所示。温度计用开口的橡皮塞固定在装有适量浓硫酸的提勒管中，温度计的水银球部分要置于提勒管两侧管的中间。

(3) 酒精灯的外焰正对着两侧管交汇处加热，控制升温速度，记下试样开始塌落并出现小滴液体时的温度和固体完全透明时的温度。

(4) 用新的熔点管重新装样，待浴温下降到 20℃左右时，进行另一次测试。如此每样测试 3 次，取平均值。

(5) 测试完毕后，将温度计取出，浓硫酸倒入指定试剂瓶。

五、注意事项

(1) 当接近熔点时，升温不能太快，不能超过 1～2℃/min。

(2) 样品要夯实，熔点管要干燥、洁净。

(3) 浓硫酸不能装得太满，浓硫酸不能与橡皮圈接触，否则会使浓硫酸变黑，影响熔点的测定。

(4) 实验完毕后，温度计不要直接用水冲洗，否则温度计可能会断裂。应先用纸擦拭干净后，再用水冲洗。

六、思考与分析

1. 在测定熔点时，某学生采取的下列操作是否可行？为什么？

(1) 用水洗熔点管。

(2) 检验熔点管是否密封好，用嘴吹气。

(3) 在纸上碾碎固体试样。

(4) 固定测定管的橡皮圈靠近溶液(浓硫酸)液面。

(5) 使用提勒管测熔点时，用单孔木塞固定温度计，并塞入管中。

(6) 加热时，热源对准 b 形管下侧管的中部。

(7) 样品管中的样品位于温度计水银球的下部，而温度计的水银球位于b 形管的上侧管处。

(8) 熔点测定结束时，立即从浓硫酸中取出温度计，用冷水冲洗。

2. 当你装好样品管后随同温度计插入浴液浓硫酸中，不久出现的下列现象是何缘故？应如何处理？

(1) 发现样品管中的样品已经发黄或溶解。

(2) 浴液浓硫酸出现棕色或棕黑色。

3. 有位同学把带有样品管的温度计插入浴液浓硫酸中，发现样品管偏离温度计，能否继续测定熔点？分析原因并予以纠正。

4. 测定熔点时引起的误差与哪些因素有关？

5. 为什么说熔点测试的误差大多数是由于加热太快造成的？

6. 有位同学为了节约样品，用第一次测熔点时已经熔化、后经冷却又凝固的样品进行第二次熔点测定，请问这样做是否可以？为什么？

7. 测定熔点时，如果样品不纯（含杂质），其熔点一般会降低，为什么？

8. 某位同学认为，如果测得 A 和 B 两种物质的熔点相同，则 A 和 B 一定是同一物质。这种说法是否正确？如何证明 A 和 B 是否为同一物质？

9. 测定熔点时，如果没有 b 形管，是否可以用其他仪器代替？

10. 测定熔点时，所需的毛细管应该怎样熔封？

实验 2　液态有机物折光率的测定

一、实验目的

（1）学习测定折光率的原理。

（2）掌握阿贝折射仪的操作方法。

二、实验原理

折光率是有机化合物最重要的物理常数之一，能被精确而方便地测定。作为液体物质纯度的标准，它比沸点更为可靠。利用折光率可鉴定未知化合物。

光在两种不同介质中的传播速度是不相同的，光线从一种介质进入另一种介质，当它的传播方向与两种介质的界面不垂直时，在界面处的传播方向会发生改变，这种现象称为光的折射现象。根据折射定律，波长一定的单色光线，在确定的外界条件（如温度、压力等）下，如图 2－5 所示，从一种介质 A 进入另一种介质 B 时，入射角 α 和折射角 β 的正弦之比和这两种介质的折光率（介质 A 和 B 的折射率分别为 N 和 n）成

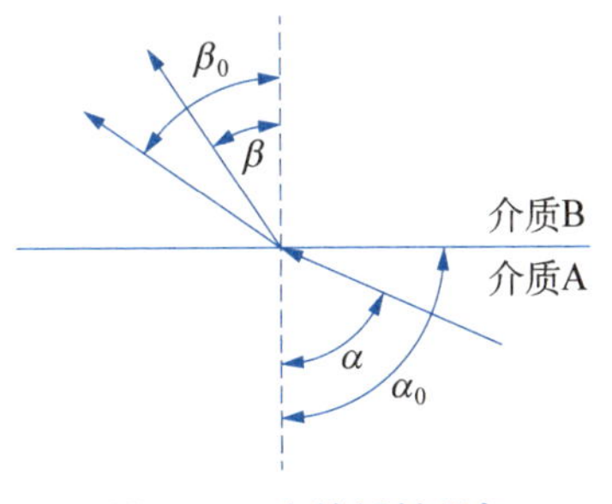

图 2－5　光的折射现象

反比，

$$\sin\alpha/\sin\beta = n/N$$

若介质 A 是真空，则 $N=1$，于是，

$$n = \sin\alpha/\sin\beta$$

所以，一种介质的折光率，就是光线从真空进入这种介质时的入射角和折射角的正弦之比，这种折光率称为该介质的绝对折光率。通常测定的折光率，都是以空气作为比较的标准。

物质的折光率不但与它的结构和光线波长有关，而且也受温度、压力等因素影响，所以，表示折光率时需注明所用的光线和测定时的温度，常用 n_D^t 表示。D 是以钠光(λ=28.9 nm)作光源，t 是与折光率相对应的温度。一般当温度每升高(或降低)1℃时，折光率减少(或增加)$3.5\times10^{-4}\sim5.5\times10^{-4}$。为了简化计算，常用 4×10^{-4} 为温度变化常数。

阿贝折射仪的基本光学原理如下：当光由介质 A 进入介质 B，折射角 β 小于入射角 α，当入射角为 90°时，$\sin\alpha=1$，这时折射角达到最大值，称为临界角，用 $\beta_{临}$ 表示。在一定波长与一定条件下，$\beta_{临}$ 也是一个常数，它与折射率的关系是 $n=1/\sin\beta_{临}$。可见通过测定临界角 $\beta_{临}$，就可以得到折光率。

三、仪器与试剂

1. 实验仪器

阿贝折射仪(2wA－J)，滴管，脱脂棉。

2. 实验药品

无水乙醇(AR)，蒸馏水，清洗液(乙醚(CP)＋乙醇(CP))。

3. 实验装置图

实验装置如图 2－6 所示。

四、实验步骤

(1) 加样。将阿贝折射仪安放在光亮处，旋开测量棱镜和辅助棱镜的闭合旋钮，使辅助棱镜的磨砂斜面处于水平位置。若棱镜表面不清洁，可滴加少量清洗液，用擦镜纸或脱脂棉顺单一方向轻擦镜面(不可来回擦)。待镜面洗净干燥后，用滴管加数滴试样于辅助棱镜的毛镜面上，迅速合上辅助棱镜，旋紧闭合旋钮。

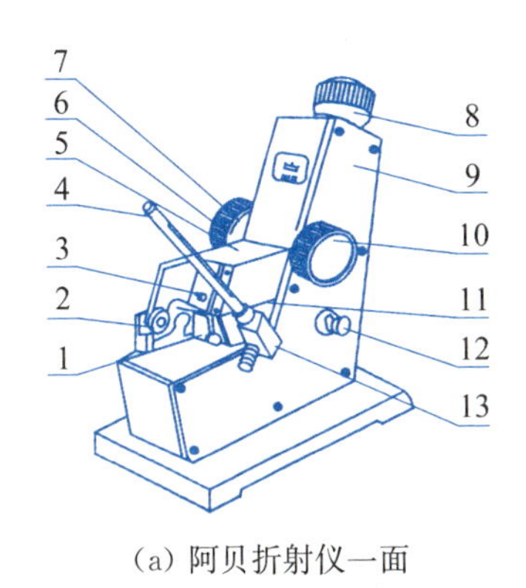

(a) 阿贝折射仪一面

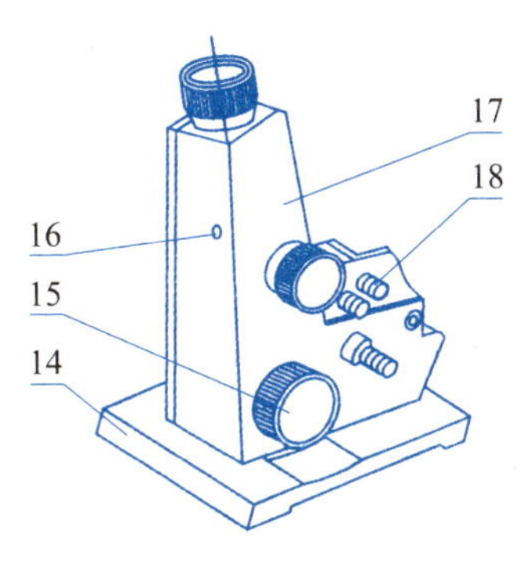

(b) 阿贝折射仪另面

1 -反射镜；2 -转轴；3 -遮光板；4 -温度计；5 -进光棱镜座；6 -色散调节手轮；
7 -色散值刻度圈；8 -目镜；9 -盖板；10 -手轮；11 -折射棱镜座；12 -照明刻度盘镜；
13 -温度计座；14 -底座；15 -刻度调节手轮；16 -小孔；17 -壳体；18 -恒温器接头。

图 2-6 阿贝折射仪结构图

(2) 调光。转动刻度调节手轮，直到目镜内观察到有界线或出现彩色光带。若出现彩色光带，则调节消色散调节手轮，使目镜中的彩色光带消失。再调节刻度调节手轮，使明暗界面恰好同十字线交叉点重合，如图 2-7 所示。

图 2-7 目镜视野图

(3) 读数。从读数望远镜中读出刻度盘上的折射率数值。常用的阿贝折射仪可读至小数点后第四位。为了使读数准确，一般应将试样重复测量 3 次，每次相差不能超过 0.000 2，然后取平均值。(左侧读数是液体浓度，右侧读数是液体的折射率。)

(4) 打开棱镜，用清洗液清洗，待镜面洗净干燥后，再测试另一个样品。

(5) 计算出无水乙醇、水在该温度下的折光率计算值，并与测定值进行比较。计算公式为

$$n_D^{20} = n_D^t + 4 \times 10^{-4}(t - 20)$$

其中，无水乙醇的标准折光率 $n_D^{20}=1.366\,0$，水的标准折光率 $n_D^{20}=1.333\,0$，温度变化常数为 4×10^{-4}。

五、思考与分析

1. 测定液体化合物的折光率有何意义？

2. 简述阿贝折光仪的使用方法。
3. 使用阿贝折光仪时应注意那些问题?
4. 提及折光率时,为什么必须注明所用波长和测定时的温度?
5. 为什么说折光率作为液体物质纯度的标准,其数据比沸点更为可靠?

2.2 有机化合物的分离与纯化

实验3 常压蒸馏

一、实验目的

掌握常压蒸馏的原理和操作方法。

二、实验原理

将液体加热,它的蒸气压随着温度升高而增大,当液体的蒸气压增大到与外界大气压相同时,就有大量气泡从液体内逸出(即液体沸腾),这时的温度称为液体的沸点。将液体加热到沸腾使液体变为蒸气,然后使蒸气冷却再凝结为液体,这两个过程的联合操作称为蒸馏。常压下蒸馏称为常压蒸馏,减压下蒸馏称为减压蒸馏。一般所说的蒸馏是指常压蒸馏。

纯液态有机化合物有恒定的沸点,在整个蒸馏过程中沸点变动很小(只有0.5~1.5℃)。不纯的液体有机化合物没有恒定的沸点,蒸馏过程中沸点变动很大。因此,通过蒸馏不仅可以测定纯物质的沸点,还可以鉴定物质的纯度。

通过蒸馏可以将沸点不同的各组分分开。各组分的沸点必须相差较大(一般在30℃以上),才能得到较好的分离效果。

常压蒸馏的用途如下:

(1) 判断物质的纯度(沸程>3℃为不纯,沸程≤2℃可能为纯)。

(2) 分离、提纯化合物(各液/液馏分沸程>30℃)。

(3) 回收溶剂。

(4) 蒸馏出溶剂,得到纯粹固体物质。

三、仪器与试剂

1. 实验仪器

磨口圆底烧瓶(100 mL，50 mL)，直形冷凝管，橡皮塞，温度计(0～100℃)，蒸馏头，接引管。

2. 实验药品

工业乙醇 30 mL。

3. 实验装置图

实验装置如图 2－8 所示。

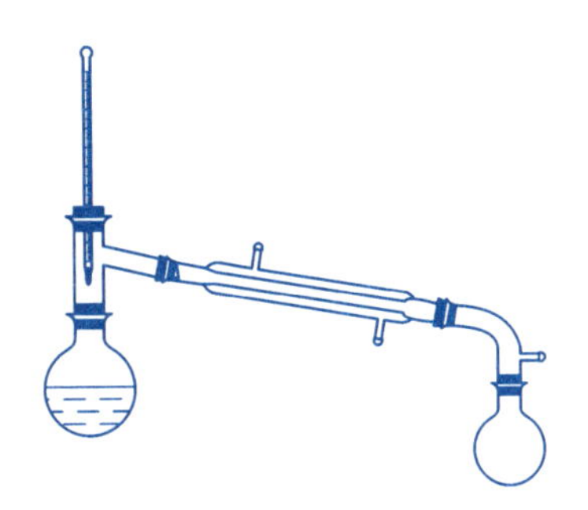

图 2－8　蒸馏装置图

四、实验步骤

(1) 在铁架台上垫上升降台、搁上电热套。

(2) 用量筒量取 30 mL 的工业乙醇，同 2 粒沸石一起放入 100 mL 磨口圆底烧瓶中，固定于铁架台上，装上蒸馏头，插上温度计。

(3) 接上直形冷凝管的通水管(注意下端进水、上端出水)。

(4) 接上直形冷凝管、接引管和接受瓶(50 mL 磨口圆底烧瓶)。

(5) 通水。打开电源，调压加热(先小后大，缓慢加热)，直至沸腾。

(6) 记下接引管滴下第一滴液体时温度计的读数(蒸馏速度以每秒钟 1～2 滴为宜)。

(7) 当温度计温度小于 78℃时，蒸出的液体称为前馏分，用一接受瓶接收；当收集温度等于和大于 78℃时，蒸出的液体用另一接受瓶接收。

(8) 量出蒸出乙醇的体积，计算回收率。

五、注意事项

(1) 装仪器的顺序：先下后上，先左后右，稳左动右。

拆仪器的顺序：与装仪器相反。具体操作方法如下：关掉加热电源，降下升降台，撤掉电热套，烧瓶自然冷却，再关冷凝水。

(2) 各冷凝管的使用范围如下：①球形冷凝管：回流。②直形冷凝管：冷凝沸点 b. p. ≤140℃的化合物。③空气冷凝管：冷凝沸点 b. p. ＞140℃的化合物。

当没有空气冷凝管时，可用球形冷凝管或直形冷凝管代替。

(3) 沸石指的是破碎成小粒的素烧瓷片、毛细管等多孔性物质。当液体加热到沸腾时，沸石中的小气泡成为液体分子的汽化中心，能够使液体平稳地沸腾，不致使液体达到沸点时因不沸腾而成为过热液体引起暴沸。应在加热前加入沸石。加热后中途停止加热时，应等温度下降到液体沸点以下再加入新的沸石。切忌向加热液体中投入沸石，这样做极易引起暴沸。沸石用过之后用水清洗，烘干后可再次使用。

(4) 烧瓶中液体的体积应为烧瓶容积的 1/2 至 2/3。烧瓶中液体不能太多，也不能太少。

(5) 温度计的位置应为水银球上端与支管下端齐平。

(6) 蒸馏装置切忌形成密闭体系。

(7) 若液体易吸水，接引管应装入干燥装置。若液体有毒，接引管应接上橡皮管，再将橡皮管通到户外，或在通风橱中进行蒸馏。

(8) 蒸馏时一般不蒸干。

六、思考与分析

1. 回答下列常压蒸馏基本知识的问题：

(1) 如何正确组装常压蒸馏装置？

(2) 蒸馏装置由哪几部分组成？各部分主要包括哪些仪器？

(3) 如何选择合适的蒸馏烧瓶？

(4) 蒸馏时应如何选用温度计？温度计在蒸馏烧瓶中的什么位置，才是正确的？

(5) 蒸馏烧瓶和冷凝管分别应选用何种夹子固定？夹子应夹在什么位置？

(6) 蒸馏烧瓶支管及冷凝管下端斜口伸出塞子多少距离合适？为什么？

(7) 如何选用不同型号的冷凝管?

(8) 塞子应如何选用?

(9) 常压蒸馏通常有哪些用途?

(10) 蒸馏前后“火”与“水”的操作次序如何?

2. 用常压蒸馏法测沸点时,若温度计位置偏下或偏上,将对测定结果产生什么影响?为什么?

3. 冷凝管中的水如何走向?反过来可以吗?欲把橡皮管接口接在冷凝管的进出口,应如何防止进出口接头被折断?组装蒸馏装置的冷凝管时,其进出水口朝向如何?

4. 当加热一段时间甚至已经有馏出液,才发现冷凝管中未通冷凝水。请问是否能立即通水?为什么?应如何处理?

5. 蒸馏时加入止暴剂,为什么能够防止暴沸?如果加热许久才发现未加止暴剂,应该怎么处理?请说明理由。如果因故中途中断蒸馏,请问继续蒸馏时还需补加新的止暴剂吗?用过的止暴剂能否再用?

6. 如果加热过猛,测出来的沸点会不会偏高?为什么?如果加热不足,又会有什么影响?

7. 蒸馏时应该如何控制加热速度?若维持加热的温度,当一种低沸点组分被蒸完而另一种高沸点组分还未达到沸点时,温度计上的读数为何会下降?

8. 在蒸馏操作中,应该注意哪些问题(从安全和蒸馏效果两个方面考虑)?

实验4　简单分馏

一、实验目的

(1) 了解分馏的原理和意义。

(2) 学习实验室常用的分馏操作方法。

二、实验原理

分馏的基本原理与蒸馏相似。不同之处是在装置上多一个分馏柱,使汽化、冷凝的过程由一次改为多次。简单地讲,分馏即为多次蒸馏。

分馏柱是一根较长、柱身有一定形状的空管(或者在管中填以特制的填料),

其目的是要增大液相和气相接触的面积，提高分离效率。当混合液沸腾后蒸气进入分馏柱被部分冷凝，冷凝液在下降途中与继续上升的蒸气接触，二者进行热交换，蒸气中高沸点组分被冷凝，低沸点组分仍呈蒸气上升，而冷凝液中低沸点组分受热汽化，高沸点组分仍呈液态下降。结果是上升的蒸气中低沸点组分增多，下降的冷凝液中高沸点组分增多。如此经过多次热交换，就相当于连续多次的普通蒸馏。结果使低沸点组分的蒸气不断上升而被蒸馏出来，高沸点组分则不断流回蒸馏瓶中，从而将它们分离。

三、仪器与试剂

1. 实验仪器

磨口圆底烧瓶（100 mL，50 mL），刺形分馏柱，直形冷凝管，温度计（0～100℃），电热套，接引管。

2. 实验药品

工业酒精 15 mL，水 45 mL。

3. 实验装置图

实验装置如图 2－9 所示。

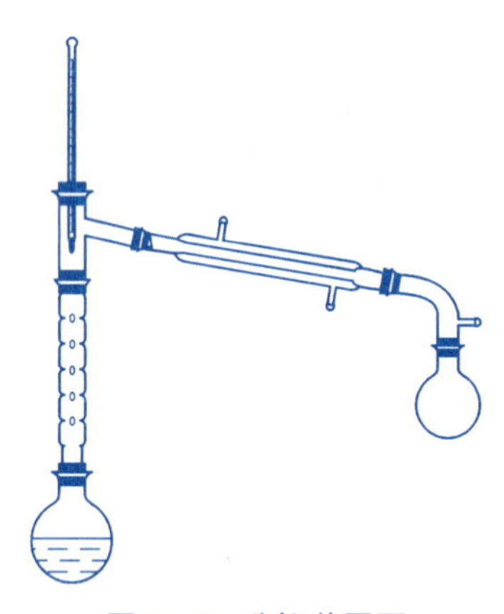

图 2－9　分馏装置图

四、实验步骤

（1）量取 15 mL 的工业酒精、45 mL 的水倒入 100 mL 圆底烧瓶，夹在铁架台上。

（2）接上刺形分馏柱、蒸馏头，套上温度计、直形冷凝管，连接接引管、接受瓶(50 mL 圆底烧瓶)。

(3) 开冷凝水,缓慢升温,控制温度使馏出液保持每滴用时 2～3 s。

(4) 收集<81℃, 81～95℃和>95℃的 3 种馏分。

(5) 量出 3 种馏分的体积,分别在表面皿中做点燃实验,将实验数据记录在表 2-1 中。

表 2-1　数据记录表

沸点温度范围(℃)	b. p. ≤81	81<b. p. <95	b. p. ≥95
馏分体积(mL)			
燃烧情况			

五、注意事项

(1) 分馏要缓慢进行,分馏速度恒定,以每滴用时 2～3 s 为宜。

(2) 做燃烧实验时加入的样品不要太多,加入 0.5 mL 左右即可,以免引起火灾事故。

六、思考与分析

1. 什么叫分馏?
2. 分馏柱中为什么要加入填充物?应该如何填充?
3. 什么叫液泛?应该采取什么措施防止液泛产生?
4. 列表比较蒸馏和分馏在原理、装置和操作上的异同点。
5. 为了提高分馏效率,进行分馏时必须注意哪些事项?
6. 分馏时若加热太快,分馏效果就会降低,这是为什么?

实验 5　减压蒸馏

一、实验目的

(1) 学习减压蒸馏的原理和用途。

(2) 了解减压蒸馏的主要仪器、设备。

(3) 掌握用油泵减压蒸馏的操作。

二、实验原理

减压蒸馏是分离提纯液体有机物（或低熔点固态有机物）的一种重要方法，它特别适用于在常压蒸馏时未达到沸点就已经受热分解、氧化或聚合的物质的蒸馏。

液体化合物的沸点与外界压强有密切的关系。当外界压力降低时，液体的沸点随之降低。若使用真空泵与蒸馏装置相连接，使体系内的压力降低，就可以在较低的温度下进行蒸馏，这就是减压蒸馏。

减压蒸馏时液体的沸点与压力有关，有时在文献中查不到减压蒸馏时与所选择的压力相应的沸点，但只要知道两组分压力与沸点的关系，即可近似地通过下式求出给定压力下的沸点：

$$\lg P = A + B/T$$

其中，P 为蒸气压，T 为沸点（以绝对温度表示），A 和 B 为常数。

更方便的方法就是利用液体在常压下的沸点与减压下的沸点的近似关系，如图 2－10 所示。例如，苯甲醛的沸点为 179.5℃（760 mmHg），欲找出减压至 100 mmHg 时的沸点，可以在图 2－10 中间一条直线 B 上找出它的沸点位置，将此点与右边曲线 C 中 100 mmHg 对应压力一点连成直线，并延长到与左边的直线 A 相交，交点温度为 112℃，则苯甲醛的沸点为（112±2）℃/100 mmHg。

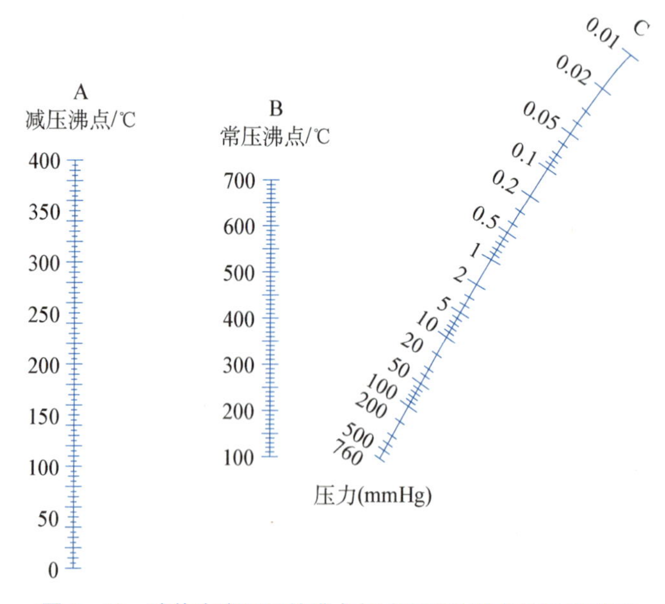

图 2－10　液体在常压下的沸点与减压下的沸点的近似关系

当减压蒸馏在10～20 mmHg范围内进行时，大体上每差1 mmHg的压力，沸点相差1℃。预先粗略估计出与压力相应的沸点，对减压蒸馏的具体操作、选择合适的温度计和控制收集馏分等，都是有益的。

整个减压蒸馏装置可以分为3个部分，即蒸馏部分、抽气减压部分以及在它们之间的保护和测压部分。

1. 蒸馏部分

蒸馏部分包括蒸馏烧瓶、克氏蒸馏头、毛细管、温度计、冷凝管和接受瓶等。

2. 抽气减压部分

实验室常用水泵或油泵进行抽气减压。

(1) 水泵。水泵所能达到的最低压力为当时室温时的水蒸气压，即1 067～3 333 Pa(8～25 mmHg)。

(2) 油泵。一般油泵能减压至133～666 Pa(1～5 mmHg)。油泵的结构较精密，工作条件要求较严格。蒸馏时如果有挥发性的有机溶剂、水蒸气或酸性蒸气，都会损坏油泵。挥发性有机溶剂蒸气进入油泵，会溶于真空油中，使油泵内蒸气压升高很多，影响减压效果。水蒸气凝结在油泵中，也会使蒸气压上升。酸性蒸气进入油泵，更会腐蚀油泵机件。因此，在减压蒸馏前，样品必须除去酸性杂质并充分干燥，再用水泵抽尽低沸点溶剂，才可以用油泵减压蒸馏。

3. 保护和测压部分

(1) 为了防止残留的易挥发有机溶剂、酸性物质和水蒸气进入油泵，必须在接受瓶与油泵之间，依次装有安全瓶(防止倒吸)、冷却阱(除低沸点杂质)、压力计，以及分别装有氯化钙(除水)、氢氧化钠(除酸)、石蜡片(除烃类)的3个吸收塔。

(2) 在冷却阱和干燥塔之间还应装有压力计，用于测定体系中的压强。常见的压力计有两种：开口式压力计和封闭式压力计，如图2-11所示。

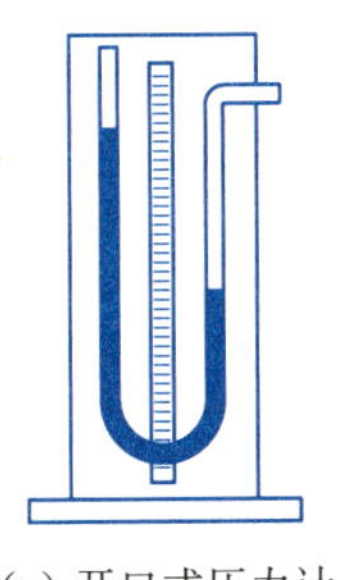

(a) 开口式压力计

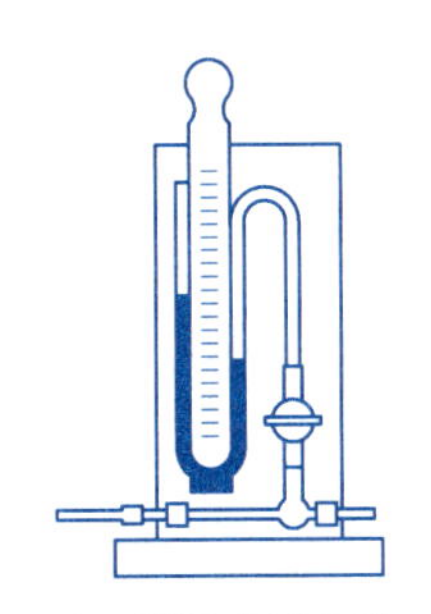

(b) 封闭式压力计

图2-11　压力计

对于开口式压力计，

真空度(系统内实际压力) = 大气压 - 压力计两汞柱高度差(Δh)

对于封闭式压力计，

真空度 = 压力计两臂汞柱高度差(Δh)

三、仪器与试剂

1. 实验仪器

圆底烧瓶(25 mL，10 mL)，克氏蒸馏头，直形冷凝管，温度计(0～200℃)，多尾接引管，一端拉成毛细管的玻璃管，弹簧夹。

2. 实验药品

仲辛醇(沸点 b. p. =178.5℃)10 mL。

3. 实验装置图

实验装置如图 2-12 所示。

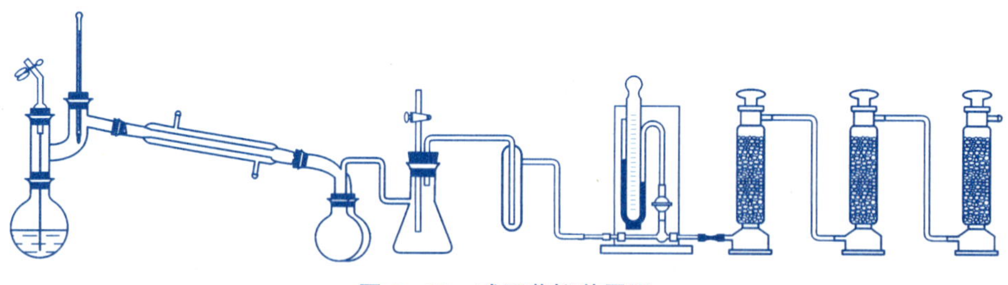

图 2-12　减压蒸馏装置图

四、实验步骤

(1) 量取 10 mL 的仲辛醇加入 25 mL 圆底烧瓶中，安装好减压蒸馏装置，多尾接引管涂上真空油脂，毛细管上的橡皮管夹上一根细铁丝，再用夹子夹住。

(2) 通冷凝水，打开安全瓶活塞，开动油泵，先抽 2 min，再缓慢关上安全瓶活塞，调节毛细管的空气导入量，以冒出连续小气泡为宜；继续抽 3 min 左右，将蒸馏瓶中低沸点物质先除去。

(3) 慢慢升温，进行蒸馏，记下滴出第一滴和压强稳定时仲辛醇的温度。

(4) 当烧瓶内仲辛醇剩余量很少(即为(1～2)mL)时，停止减压蒸馏。

五、注意事项

(1) 减压蒸馏的接收容器决不可用锥形瓶和平底烧瓶，因为它们并不耐压。

(2) 若要收集多种馏分而又不中断蒸馏可用多尾接引管。

(3) 减压蒸馏装置须密闭。

(4) 与真空系统相连的橡皮管应该选用耐压橡皮管。

(5) 应根据所选择压力时馏出液的沸点，选用合适的热浴和冷凝管，切勿直接加热。

(6) 注意整个操作的先后顺序。

六、思考与分析

1. 具有什么性质的化合物需用减压蒸馏进行提纯?
2. 减压蒸馏装置包括哪几个部分? 各部分需要使用什么仪器?
3. 安全瓶、冷却阱及各干燥塔分别起到什么作用?
4. 简述油泵减压蒸馏的操作方法。
5. 用油泵减压蒸馏分离纯化有机物时，应该注意哪些事项?
6. 为什么在减压蒸馏中不能用锥形瓶作为接受器?

实验 6　水蒸气蒸馏

一、实验目的

(1) 学习水蒸气蒸馏的原理及其应用。

(2) 掌握水蒸气蒸馏的装置和操作方法。

(3) 了解水蒸气蒸馏的用途。

二、实验原理

当与水不相混溶的物质与水共存时，根据道尔顿分压定律，有

$$P_{总}(总蒸气压)=P_{水}(水蒸气压)+P_{A}(不溶或难溶于水的有机物A蒸气压)$$

$P_{总}$随着加热温度的升高而增大。当总蒸气压与外界大气压相等时，即

$P_{总}=P_{外}$，混合物沸腾，此时两者同时被蒸馏出来，这时混合物的沸点（$T_{混}$）低于任何一个组成物的沸点（$T_{水}$或T_{A}）。因为

$$P_{总}=P_{外}=P_{水}+P_{A}, PV=nRT（P与T成正比关系）$$

所以，

$$P_{水}<P_{外}, T_{混}<T_{水}（水的沸点）$$
$$P_{A}<P_{外}, T_{混}<T_{A}（有机物A的沸点）$$

借此可以在低于100℃的温度下安全地蒸馏出那些接近或达到沸点时就分解的有机物，这种操作叫做水蒸气蒸馏。

使用这种方法时，被提纯的物质应该具备下列3个条件：

（1）不溶或几乎不溶于水。

（2）在沸腾下长时间与水共存而不起化学变化。

（3）在100℃左右时必须具有一定的蒸气压（一般不小于1.33 kPa，10 mmHg）。

水蒸气蒸馏是分离和提纯有机物的一种方法，常用于下列4种情况：

（1）某些有机物在其自身的沸点温度时容易被破坏，用水蒸气蒸馏可以在100℃以下的温度蒸馏出。

（2）从大量树脂状杂质或不挥发性杂质中分离有机物。

（3）从固体多的反应混合物中分离被吸附的液体产物。

（4）除去挥发性的有机杂质。

三、仪器与试剂

1. 实验仪器

圆底烧瓶（250 mL，50 mL），三颈烧瓶（250 mL），直形冷凝管，接引管，锥形瓶，T形管，长玻璃管，弹簧夹，量筒，分液漏斗。

2. 实验药品

溴苯（CP，$d_4^{20}=1.50$）10 mL，水10 mL。

3. 实验装置图

实验装置如图2-13所示。

四、实验步骤

（1）在圆底烧瓶中加入2/3容积的热水、2～3粒止暴剂，在三颈烧瓶中加入

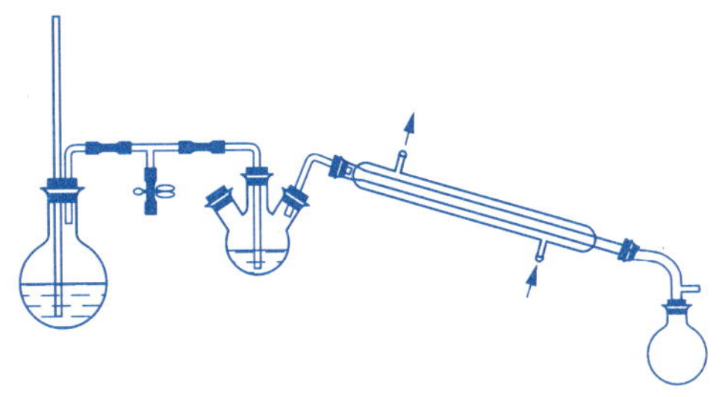

图 2-13　水蒸气蒸馏装置图

10 mL 的溴苯和 10 mL 的水。安装好水蒸气蒸馏装置，打开 T 形管上的螺旋夹。

(2) 在圆底烧瓶下用电热套加热，当 T 形管有连续不断的水蒸气冒出时，旋紧螺旋夹，开始蒸馏。

(3) 控制加热速度，当馏分中无油珠状出现时(约 0.5 h)，打开螺旋夹，撤去热源，拆除仪器。

(4) 将馏分转至分液漏斗中，分出水和溴苯，分别量出其体积，并计算溴苯与水的油水比(质量分数)。

五、注意事项

1. 安全管的用途

(1) 当容器内气压太大时，水可以沿着安全管上升，以调节内外压力。

(2) 指示系统是否畅通。

2. T 形管的用途

(1) 便于及时放出因冷凝在导气管积下的水。

(2) 连接或切断水蒸气发生器与蒸馏系统。

3. 安全管和水蒸气导入管的位置

距瓶底约 0.5 cm，是正确的安全管和水蒸气导入管的位置。

4. 检验溴苯是否蒸完的判断方法

用一个小烧杯装入少量水，接收少许馏出液，看水中是否有油珠状物。若有油珠状物，说明还没蒸馏完，应继续蒸馏；若水中没有或几乎没有油珠状物，说明蒸馏差不多完全，这时可以停止蒸馏。

5. 溴苯与水的油水比(质量分数)计算举例

已知 $V_{溴苯}=8.5\ \text{mL}$，$V_{水}=37.0\ \text{mL}$，有理论值如下：

$$\frac{P_{溴苯}}{P_{水}}=\frac{n_{溴苯}}{n_{水}}=\frac{m_{溴苯}/M_{溴苯}}{m_{水}/M_{水}}$$

解得

$$\frac{m_{溴苯}}{m_{水}}=\frac{M_{溴苯}\cdot P_{溴苯}}{M_{水}\cdot P_{水}}=\frac{157\times 15.2}{18\times 86.1}=1.54$$

$$溴苯的质量分数=\frac{1.54}{1+1.54}\times 100\%=60.6\%$$

而实际值

$$\frac{m_{溴苯}}{m_{水}}=\frac{8.5\times 1.5}{37.0\times 1}=0.345$$

$$溴苯的质量分数=\frac{0.345}{1+0.345}\times 100\%=25.7\%$$

六、思考与分析

1. 简述水蒸气蒸馏的一般原理，水蒸气蒸馏的装置包括哪几个部分？
2. 水蒸气蒸馏有哪些用途？
3. 水蒸气蒸馏对被提纯物有何要求？
4. 在水蒸气蒸馏时，安全管和T形管分别起到什么作用？
5. 在水蒸气蒸馏过程中，发生下列情况应该如何处理？

(1) T形管经常充满冷凝水。

(2) 蒸馏瓶中的混合物迟迟不沸腾。

(3) 蒸馏瓶中因水蒸气冷凝速度太快，致使液体混合物体积迅速增加。

(4) 安全管中的水柱持续上升。

(5) 加热水蒸气的热源中断。

(6) 冷凝管里有被蒸馏物的结晶析出或被阻塞。

(7) 接受器部分直冒蒸气。

6. 在水蒸气蒸馏时，馏出液中水的含量总是稍高于理论值，这是为什么？

实验7　重结晶及过滤

一、实验目的

(1) 学习重结晶的原理和方法。

(2) 掌握热过滤、抽滤以及菊花形滤纸的折叠方法。

二、实验原理

重结晶是纯化精制固体有机化合物的手段。简单来讲，其原理就是利用溶剂对被提纯化合物及杂质的溶解度的不同，使被提纯物质从过饱和溶液中析出，而溶解性好的杂质全部或大部分留在溶液中，或让溶解性差的杂质在热过滤中被滤除，从而达到分离纯化的目的。

重结晶主要分为以下7个步骤：

(1) 选择适当的溶剂。

(2) 将粗产物用所选溶剂加热溶解，制成饱和或近饱和溶液。

(3) 加活性炭脱色。

(4) 趁热过滤除去不溶性杂质及活性炭。

(5) 冷却，析出晶体。

(6) 抽滤，洗涤晶体。

(7) 干燥晶体。

必须注意的是，杂质含量过多，对重结晶极为不利，会影响结晶速度，有时甚至妨碍晶体的生成。因此，重结晶一般只适用于杂质含量在5%以下固体有机化合物的纯化。在重结晶之前，可根据不同情况，分别采取其他方法进行初步纯化，如水蒸气蒸馏、萃取等，然后再进行重结晶处理。

在进行重结晶时，选择理想的溶剂是关键。合适的溶剂必须具备下列6个条件：

(1) 不与被提纯物起化学反应。

(2) 在较高温度时，能溶解多量的被提纯物；在室温或更低温度时，只能溶解很少量的该种物质。

(3) 对杂质的溶解非常大或非常小。前一种情况是使杂质留在母液中，不随提纯物晶体一同析出；后一种情况是杂质在热过滤时被滤去。

(4) 容易挥发(溶剂的沸点较低)，易与结晶分离除去。

(5) 能给出较好的结晶。

(6) 无毒或毒性较小，便于操作。

具体选择溶剂时，一般化合物可查阅有关手册中“溶解度”一栏。如没有文献资料可查，只能用实验方法确定，方法如下：取0.1 g固体样品置于小试管中，用滴管逐滴加入溶剂，并不断振摇，待加入的溶剂约1 mL时，在水浴上加热至沸(使其溶解)，冷却时析出大量晶体，则此溶剂一般可以认为是合适的。如果样品在冷却或加热时，都能溶于 1 mL 溶剂中，则说明此溶剂是不合适的。若固态样品不全溶于 1 mL 沸腾的溶剂中，可逐步添加溶剂，每次约为 0.5 mL，并加热至沸腾，若加入溶剂总量达到 3 mL 时，样品在加热时还不溶解，则说明这种溶剂是不合适的。若固态样品能溶于 3 mL 以内的沸腾溶剂中，将其冷却，观察有无晶体析出，还可用玻璃棒摩擦试管壁等方法促使晶体析出。若仍然未析出晶体，则说明这种溶剂也是不合适的；若有晶体析出，则以结晶析出的多少来选择溶剂。按照上述方法，逐一试验不同的溶剂，如冷却后有晶体析出，则比较析出结晶的多少，选择出最佳的重结晶溶剂。

除了用纯溶剂重结晶外，也可以用混合溶剂。混合溶剂一般是由两种能以任何比例互溶的溶剂组成，其中一种对被提纯的化合物溶解度较大，而另一种溶解度较小。一般常用的混合溶剂有乙醇-水、丙酮-水、乙醚-甲酸、乙醚-石油醚、乙酸-水、吡啶-水、乙醚-丙酮、苯-石油醚等。

三、仪器与试剂

1. 实验仪器

烧杯(250 mL)，锥形瓶(250 mL)，热水漏斗，短颈玻璃漏斗，抽滤瓶，布氏漏斗，酒精灯，玻棒，表面皿，滤纸。

2. 实验药品

乙酰苯胺(粗品)2 g，水，活性炭。

3. 实验装置图

实验装置如图 2 - 14 所示。

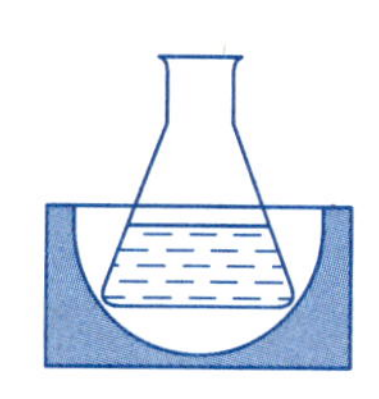

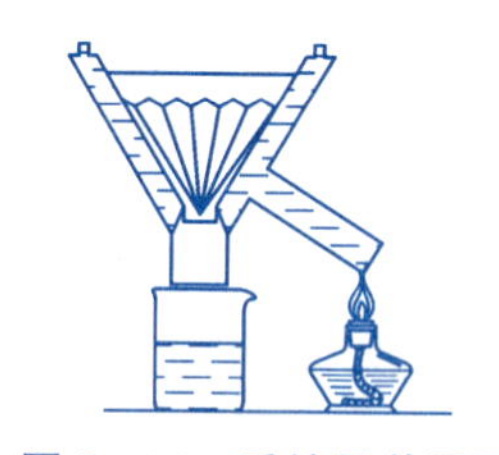

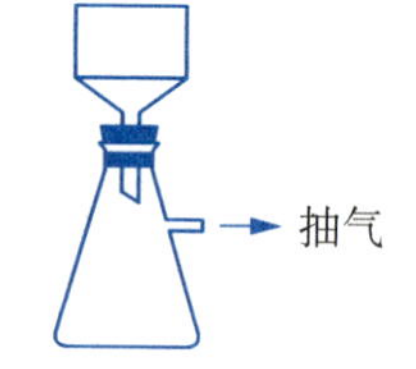

图 2 - 14　重结晶装置图

四、实验步骤

(1) 称取 2 g 粗品乙酰苯胺于 250 mL 锥形瓶中，加入 50 mL 的水，加热使之溶解。

(2) 将热溶液稍冷却后加入少许活性炭(占样品重为1～5%),边搅拌边加热至微沸5～10 min。

(3) 趁热过滤。折叠菊花形滤纸,放在短颈玻璃漏斗上,再将玻璃漏斗放在热水漏斗(内加250 mL热水)上,趁热过滤溶液(溶剂的用量一般可以比需要量多加入20%左右)。分次倒入,剩余部分仍放在电热套内保温。

菊花形滤纸的折法如下:①先将滤纸对折,然后再对折成4等分,展开成半圆,2对3折出4,以1对3折出5,如图2-15(a)所示。②2对5折出6,1对4折出7,如图2-15(b)所示。③2对4折出8,1对5折出9,如图2-15(c)所示。④这时折好的滤纸边全部向外、角全部向里,如图2-15(d)所示。⑤再将滤纸反方向折叠,相邻的两条边对折,即可得到图2-15(e)的形状。⑥然后将图2-15(f)中的1和2向相反方向折叠1次,可以得到一个完好的折叠滤纸,如图2-15(g)所示。

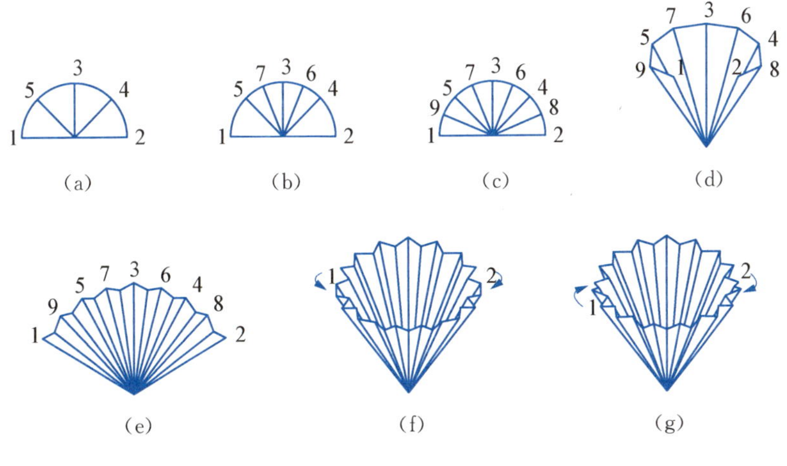

图2-15 菊花形滤纸的折法示意图

(4) 将滤液先在室温下自然冷却,即有乙酰苯胺晶体析出。待接近室温时再放入冷水中,冷却至晶体全部析出。

(5) 接好抽滤装置,剪好滤纸,放在布氏漏斗上,用少量水润湿,将乙酰苯胺晶体和液体倒入布氏漏斗中抽滤。

(6) 晶体的干燥:将滤纸上的乙酰苯胺晶体刮下,放在表面皿上自然干燥后再称重。

(7) 计算回收率:

$$回收率=\frac{晶体质量}{粗品质量}\times 100\%$$

五、注意事项

(1) 溶剂用量一般多加20%左右,本实验中液体体积为50~70 mL。

(2) 活性炭应在样品溶解后加入,但不能在沸腾时加入,否则易引起爆沸。

(3) 热过滤时溶剂易燃,则必须熄灭一切火源。

(4) 抽滤之前,滤纸应修剪至不碰到布氏漏斗内壁为准,并用水润湿。

六、思考与分析

1. 简述重结晶提纯固态有机物的基本原理及一般过程。

2. 进行重结晶时,选择溶剂是关键。适宜的溶剂应该符合哪些条件?

3. 在试验过程中,往往需要通过试验来选择适宜的重结晶溶剂。请你说说试验的方法。

4. 如果几种溶剂都适合作重结晶溶剂时,应该根据哪些条件选择溶剂?

5. 什么叫混合溶剂?用混合溶剂重结晶时应该如何操作?

6. 重结晶时溶剂用量为什么不能过量太多,也不能太少?正确的用量应该是多少?

7. 加热溶解被提纯物粗品时,为什么加入溶剂的量要比计算量稍少,然后渐渐添加至恰好溶解,最后再多加其量20%左右的溶剂?

8. 使用有机溶剂(低沸点)进行重结晶时,在热溶过程中应该注意什么?

9. 用活性炭脱色,其用量是不是越多越好?用量为多少才是合适的?

10. 用活性炭脱色时,为什么要待固体物质完全溶解后方可加入?为什么不能向正在沸腾的溶液中加入活性炭?

11. 要使重结晶得到的产品回收率高,热过滤是个重要的操作。请问在趁热过滤前,应该做好哪几个方面的准备(从安全、顺利地过滤等方面考虑)?应该如何进行热过滤?

12. 重结晶时析出的晶体过大或过小,有什么不好?怎样才能得到均匀的小晶体?

13. 重结晶时有时滤液中析不出晶体,这是什么原因?可采取什么方法能够使晶体析出?

14. 抽滤装置包括哪几个部分?抽滤时应该注意哪些事项?

15. 在抽滤过程中，应该如何对滤饼进行洗涤？

16. 经过一次重结晶得到的晶体，应该如何检验其纯度？是否需要进行再次重结晶？

17. 有一固体有机物极易溶于热的乙醇中，但难溶于冷的乙醇中，这种固体有机物应该怎样重结晶？

实验8　萃取及分离

一、实验目的

(1) 学习萃取的原理和方法。

(2) 掌握分液漏斗的使用。

二、实验原理

萃取是利用物质在两种不互溶(或微溶)的溶剂中溶解度或分配比的不同，来达到分离、提取或纯化目的的一种操作。

这可以用与水不互溶(或微溶)的有机溶剂从水溶液中萃取有机物来说明。将含有有机化合物的水溶液用有机溶剂萃取时，有机化合物就在两液相间进行分配。在一定温度下，此有机化合物在有机相和在水相中的浓度之比为一常数，这就是“分配定律”。假如一物质在 A 和 B 两液相中的浓度分别为 C_A 和 C_B，则在一定温度下，$C_A/C_B=K$，K 是一常数，称为“分配系数”，它可以近似看作此物质在溶剂中的溶解度之比。

当用一定量的有机溶剂从水溶液中萃取有机化合物时，是一次萃取好还是多次萃取好呢？可以用下列推导来说明。设在 V mL 的水中溶解 W_0 g 的物质，每次用 S mL 与水不互溶的有机溶剂重复萃取。假设 W_1 为萃取一次后残留在水溶液中的物质质量，则在水相中的浓度和在有机相中的浓度分别为 W_1/V 和 $(W_0-W_1)/S$，两者之比等于 K，即

$$\frac{W_1/V}{(W_0-W_1)/S}=K \quad \text{或} \quad W_1=\frac{KV}{KV+S}\cdot W_0$$

令 W_2 为萃取两次后在水相中的残留量，则有

$$\frac{W_2/V}{(W_1-W_2)/S}=K \quad 或 \quad W_2=\frac{KV}{KV+S}\cdot W_1=\left(\frac{KV}{KV+S}\right)^2\cdot W_0$$

因此，在萃取 n 次后，水中残留量 W_n 为

$$W_n=\left(\frac{KV}{KV+S}\right)^n\cdot W_0$$

当用一定量的溶剂萃取时，总是希望在水中的残留量越少越好。因此，上式中$\frac{KV}{KV+S}$恒小于1。n 越大，W_n就越小，也就是说，把溶剂分成 n 份作多次萃取，比用全部量的溶剂作一次萃取为好，一般3～5次最为理想。必须注意的是，上式只适用于几乎与水不互溶的溶剂萃取，如苯、四氯化碳等；对于与水有少量互溶的溶剂，如乙醚等，上面的式子只是近似的。

液/液两相萃取发生的条件如下：①溶剂和样品不能混溶；②考虑到对被萃取物质溶解度大，又要顾及萃取后该物质易于分离，因此，所选溶剂的沸点最好低一点。水溶性较小的物质，可用石油醚萃取；水溶性较大的物质，可用乙醚萃取；水溶性更大的物质，可用乙酸乙酯萃取。

三、仪器与试剂

1. 实验仪器

分液漏斗（125 mL），碱式滴定管（25 mL），锥形瓶（100 mL），移液管（10 mL），量筒（100 mL），洗耳球。

2. 实验药品

乙醚 60 mL，醋酸水溶液（体积比为 1∶19）10 mL，NaOH（0.2 mol/L），酚酞。

3. 实验装置图

实验装置如图 2－16 所示。

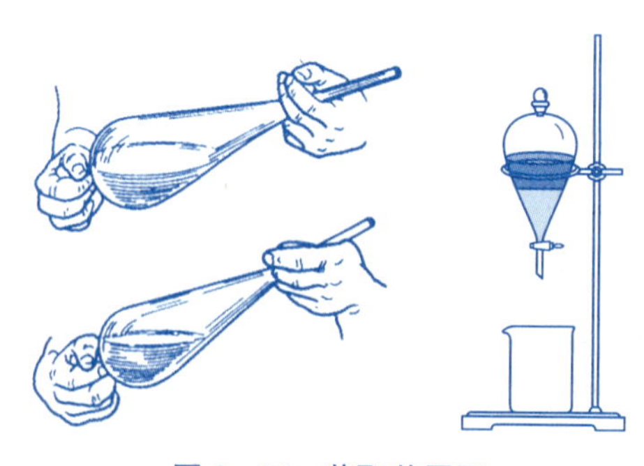

图 2－16　萃取装置图

四、实验步骤

（1）用移液管移取 10 mL 的醋酸水溶液放于分液漏斗中，用量筒量取 30 mL的乙醚倒入该分液漏斗中，振荡，放气，如此反复操作几次，然后静置。待溶液分层后，放掉水层，并用锥形瓶接收。乙醚层从分液漏斗上口倒出。再用酚酞作指示剂，用 0.2 mol/L 的 NaOH 滴定水层，记录消耗的 NaOH 的体积。

（2）用移液管移取 10 mL 的醋酸水溶液放于分液漏斗中，用量筒量取 30 mL的乙醚倒入其中 10 mL 于该分液漏斗中，振荡，先放几次气，然后用力振荡，静置。放掉水层，用锥形瓶接收。乙醚层从分液漏斗口倒出。再将水层倒回分液漏斗中，从量筒中剩余的乙醚再倒入 10 mL 萃取。如此反复萃取操作3 次，共用乙醚总量 30 mL，最后分出的水层用相同浓度的 NaOH 滴定，记录消耗的 NaOH 体积。

（3）合并（1）和（2）的乙醚进行蒸馏，回收乙醚。将实验数据记录于表 2-2中。

表 2-2　数据记录表

方法	乙醚总量(mL)	醋酸水溶液总量(mL)	醋酸水溶液中HOAc质量(g)	滴定时消耗NaOH量(mL)	残留在水层中		残留在乙醚层中	
					HOAc质量(g)	占总HOAc百分率(%)	HOAc质量(g)	占总HOAc百分率(%)
1 次萃取	30	10						
3 次萃取	3×10	10						

注：$D_{HOAc}^{20}=1.0492$，b. p. $_{(HOAc)}=117.9$℃，b. p. $_{(Et_2O)}=34.6$℃。

五、注意事项

（1）使用前要对分液漏斗进行检查，看活塞能否旋动、是否会漏水。

（2）不能把活塞上涂有凡士林的分液漏斗放在烘箱中烘烤。

（3）不能用手拿住分液漏斗的下端。

（4）不能用手拿着分液漏斗进行分液。

（5）玻璃塞打开后才能开启活塞。

（6）上层的液体应当从漏斗口倒出。

(7) 乙醚易燃且沸点低,室内严禁用明火。

六、思考与分析

1. 简述萃取的一般原理。
2. 如何选择萃取剂?
3. 为了提高萃取效率,用同量的溶剂一次萃取好,还是多次萃取好?
4. 萃取和洗涤有何区别和联系?
5. 在有机化学实验中,分液漏斗是常规仪器。它有哪些用途?
6. 简述分液漏斗的使用方法。
7. 滴液漏斗和分液漏斗在应用上有何异同?
8. 萃取时分液漏斗应该如何操作?
9. 萃取时常会出现乳化现象,这是怎么产生的?用什么方法可以破坏乳化液?
10. 有哪些影响萃取效率的因素?
11. 有一组同学用乙醚萃取水中的醋酸(V_{H_2O} ∶ V_{HOAC} = 19 ∶ 1),结果如表 2-3 所示。

表 2-3　数据记录表

各组分量 / 萃取方法	乙醚总量(mL)	混合物总量(mL)	滴定水层消耗 0.2 mol/L 的 NaOH(mL)	混合物中 HOAc 总量(g)	残留在水层中		残留在乙醚层中	
					HOAc 质量(g)	百分率(%)	HOAc 质量(g)	百分率(%)
1 次萃取	30	10	18.4					
3 次连续萃取	30	10	14.3					

回答下列问题:

(1) 通过计算完成表 2-3。

(2) 由计算结果可以得出什么结论?

(3) 欲将萃取后的乙醚-醋酸分离,可以采取什么方法?

(醋酸的比重为 1.049 2;醋酸的沸点为 117.9℃;乙醚的沸点为 34.6℃。)

实验9　薄层色谱

一、实验目的

学习色谱法的原理及其方法。

二、实验原理

色谱法是俄国植物学家茨维特研究植物中色素分离而首创的。该法利用混合物中各组分在某一物质中吸附或溶解性能(即分配)的不同,或其他亲和作用性能的差异,使混合物的溶液流经该种物质,进行反复吸附或分配等作用,从而将各组分分开。

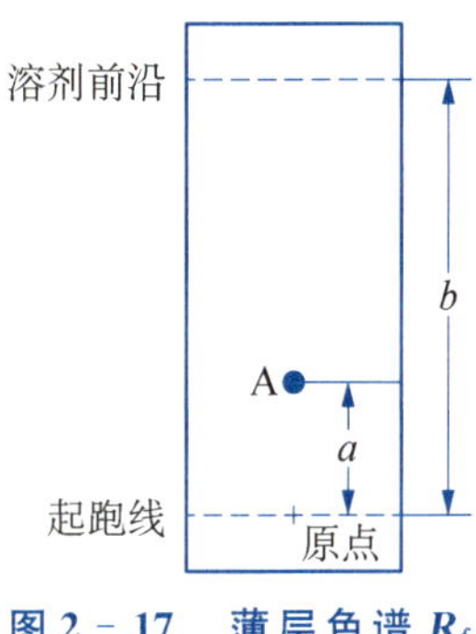

图 2－17　薄层色谱 R_f 值计算

流动的混合物溶液称为流动相,固定的物质(可以是固体或液体)称为固定相。根据组分在固定相中的作用原理不同,可分为吸附色谱、分配色谱、离子交换色谱、排阻色谱等;根据操作条件的不同,可分为柱色谱、纸色谱、薄层色谱、气相色谱、高效液相色谱等。

薄层色谱(TLC)是近代发展起来的一种微量、快速分离而又简单的色谱技术,具有柱色谱和纸色谱的优点,不仅适用于小量试样的分离,也适用于较大量试样的精制,特别适用于挥发性较小,或在较高温度下容易发生变化而又不能用气相色谱分离的化合物。

1. 相关术语

(1) 起跑线。起跑线即原点,是点样的位置。

(2) 前沿线。前沿线也叫溶剂前沿,是薄板在展开缸展开剂跑得最高的位置。

(3) 比移值(R_f)。比移值是薄层色谱的基本定性参数,在实践中 R_f 值的最佳范围为 0.3～0.5,可用范围为 0.2～0.8。比移值的计算如图 2－17 所示,有

$$R_f = \frac{\text{溶质的最高浓度中心至原点中心的距离}}{\text{溶剂前沿至原点中心的距离}}$$

在图 2－17 中 A 点的 $R_f = \dfrac{a}{b}$。

2. 制作

(1) 铺板。将硅胶或氧化铝加水和黏合剂调匀,均匀地铺在玻璃板上。

(2) 活化。把铺好的板放在烘箱中,维持 105～110℃活化 30 min。

3. 展开

薄层色谱展开剂的选择主要根据样品的极性、溶解度和吸附剂的活性等因素来考虑,溶剂的极性越大,对于化合物的展开能力也就越大。薄层色谱所用的展开剂,绝大多数是有机溶剂。为了提高溶剂的展开能力,常用混合溶剂进行展开。常用作展开剂的溶剂的极性按下列次序递增:石油醚、环己烷、四氯化碳、甲苯、苯、二氯甲烷、氯仿、乙醚、乙酸乙酯、丙酮、乙醇、甲醇、水、乙酸等。

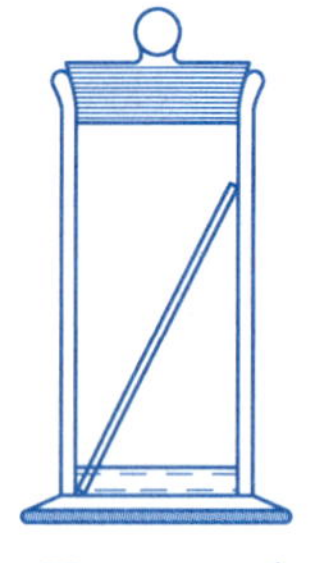

图 2-18　广口瓶式展开缸

薄层色谱的展开,需要在密闭容器中进行。为了使蒸气迅速达到平衡,可在展开槽内衬一滤纸。一般用得较多的一种展开方式,是在广口瓶式展开缸中采用上升法进行展开,如图 2-18 所示。

4. 显色

分离和鉴定无色物质,必须先经过显色,才能观察到斑点的位置、判断分离情况。常见的显色方法有以下 3 种。

(1) 紫外光显色法。

如果样品本身就是荧光物质,可以在暗处在紫外灯下观察到荧光物质的亮点。如果样品本身不发荧光,可以在制板时在吸附剂中加入适量的荧光剂,或在制好的板上喷荧光剂,制成荧光薄层板。荧光板经展开后取出,标记好溶剂前沿,待溶剂挥发干净后放在紫外灯下观察,有机化合物在亮的荧光背景上呈暗红色斑点。标记出斑点的形状和位置,计算比移值。

(2) 碘蒸气显色法。

这种方法是将几粒碘置于密闭的容器中,碘蒸气很快充满容器,此时将展开后的薄层板放入,碘与展开后的有机化合物可逆地结合,在几秒钟到数秒钟内,化合物的斑点位置呈黄棕色。但是当色谱板上仍有溶剂时,由于碘蒸气也能与溶剂结合,致使薄层板呈淡棕色,而展开后的有机化合物则呈现较暗的斑点。将薄层板从容器中取出后,应立即标记出斑点的形状和位置,计算比移值。

(3) 试剂显色法。

通常根据被分离化合物的性质,采用不同的试剂进行显色。操作时,先将薄层板展开并风干,然后用喷雾器将显色剂直接喷到薄层板上,被分开的有机物组分便呈现出不同颜色的斑点。及时标记斑点的形状和位置，计算比移值。常用的显色剂有5%的磷钼酸乙醇溶液、50%的硫酸乙醇溶液、碱性高锰酸钾溶液、5%的重铬酸钾浓硫酸溶液等。

5. 吸附剂

最常用的薄层吸附色谱的吸附剂是硅胶和氧化铝。

(1) 硅胶是无定形多孔性物质，略具酸性，适用于酸性物质的分离和分析。薄层色谱所用的硅胶分为硅胶H(不含黏合剂)、硅胶G(含煅烧石膏黏合剂)、硅胶HF_{254}(含荧光剂，可在波长254 nm紫外光下观察荧光)和硅胶GF_{254}(既含煅烧石膏又含荧光剂)等。

(2) 与硅胶相似，氧化铝也因含有黏合剂和荧光剂，可分为氧化铝G、氧化铝GF_{254}和氧化铝HF_{254}。

6. 用途

(1) 分离，提纯，鉴定。

(2) 跟踪反应，如图2-19所示。

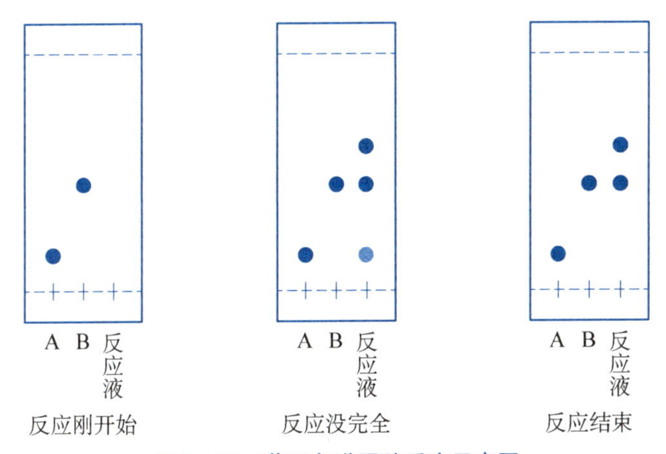

图2-19　薄层色谱跟踪反应示意图

三、仪器与试剂

1. 实验仪器

烧杯，表面皿。

2. 实验药品

混合样：对硝基苯胺和邻硝基苯胺(甲醇溶液)；纯样：对硝基苯胺(甲醇溶

液)；展开剂：$V_{石油醚}$ ∶ $V_{丙酮}$ ＝3∶1；GF_{254}硅胶板。

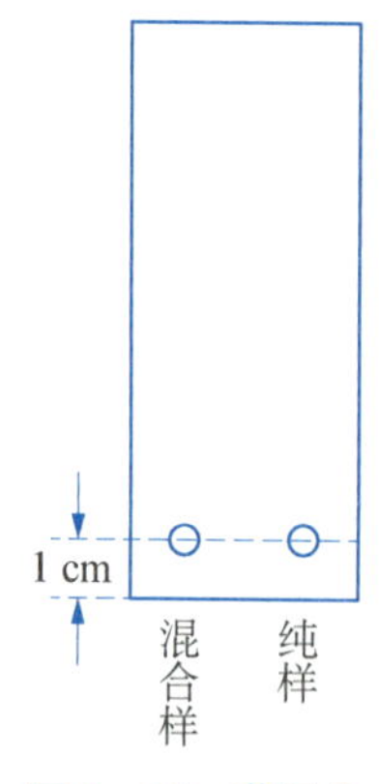

图 2－20 薄层色谱点样

四、实验步骤

(1) 点样。离板下端 1 cm 处用铅笔画一直线，用毛细管分别吸取混合样和纯样，点在直线的两个不同位置，如图 2－20 所示。

(2) 展开。展开缸为 100 mL 烧杯，上面盖一个表面皿。在烧杯中加入展开剂。将小板(点样处朝下)放在烧杯中，下端浸入展开剂中，烧杯口盖上表面皿，让展开剂慢慢向上展开。当展开剂前沿离板的上端 1 cm 左右时拿出。

(3) 在出现棕色斑点的位置，用铅笔轻轻划上记号，分别计算出各点的 R_f 值。

五、思考与分析

1. 简述色谱法分离的基本原理。
2. 色谱法通常分为哪几种？
3. 色谱法与经典的分离纯化有机物方法进行比较，发现其有哪些优点？
4. 薄层色谱中有哪些常用的吸附剂？硅胶 H、硅胶 G、硅胶 HF_{254}、硅胶 GF_{254}分别代表什么含义？
5. 在实验室中，薄层色谱主要有哪些用途？
6. 用图示的方法说明薄层色谱是如何监控反应的？
7. 在一定的操作条件下，为什么可以利用 R_f 值来鉴定化合物？
8. 在混合物薄层中如何判定各组分在薄层上的位置？
9. 展开剂的高度若超过点样线，会对薄层色谱有何影响？如何进行正确操作？
10. 选择合适的展开剂是决定薄层分离效果的关键，应当如何选择展开剂？

实验 10 柱 色 谱

一、实验目的

(1) 理解柱色谱的原理及其在化合物分离中的意义。

(2) 掌握柱色谱的操作。

二、实验原理

柱色谱法又称层析法，是一种以分配平衡为机理的分配方法。色谱体系包含两个相，一个是固定相，一个是流动相。当两相相对运动时，反复多次地利用混合物中所含各组分分配平衡性质的差异，最后达到彼此分离的目的。色谱法从发明到现在已有80多年的历史，它是纯化和分离有机物或无机物的一种常用方法。

在吸附柱色谱中，吸附剂是固定相，洗脱剂是流动相，相当于薄层色谱中的展开剂。吸附剂的基本原理与吸附薄层色谱相同，也是基于各组分与吸附剂间存在的吸附强弱差异，通过使之在柱色谱上反复进行吸附、解吸、再吸附和再解吸的过程而完成。所不同的是，在进行柱色谱的过程中，混合样品一般是加在色谱柱的顶端，流动相从色谱柱顶端流经色谱柱，并不断地从柱中流出。由于混合样中的各组分与吸附剂的吸附作用强弱不同，因此，各组分随流动相在色谱柱中的移动速度也不同，最终导致各组分按顺序从色谱柱中流出。如果分步接收流出的洗脱液，便可达到混合物分离的目的。一般与吸附剂作用较弱的成分先流出，与吸附作用较强的成分后流出。

1. 吸附剂的选择

常用的吸附剂有氧化铝、硅胶、氧化镁、碳酸钙和活性炭等。

2. 吸附剂要求

(1) 不能与被分离的物质和展开剂发生化学作用。

(2) 吸附剂的粒度大小要均匀。粒度小，表面积大，吸附能力强，分离效果好，但流速慢；粒度大，表面积小，吸附能力弱，分离效果差，但流速快。

(3) 吸附剂的用量一般为被分离物质量的20～30倍，有时甚至高达100倍以上。

3. 洗脱剂的选择

试样吸附在色谱柱上后，用合适的溶剂进行洗脱，这种溶剂称为洗脱剂。洗脱剂的选择取决于样品各组分的极性，极性小的组分用极性小的洗脱剂进行洗脱，极性大的组分用极性大的洗脱剂进行洗脱，一般采用薄层色谱技术确定。为了提高溶剂的洗脱能力，常用混合溶剂进行洗脱。常用作洗脱剂的溶剂的极性按下列次序递增：石油醚、环己烷、四氯化碳、甲苯、苯、二氯甲烷、氯仿、乙醚、乙酸乙酯、丙酮、乙醇、甲醇、水、乙酸等。

三、仪器与试剂

1. 实验仪器

色谱柱，锥形瓶，普通滴管，拉长的滴管（长度超过 20 cm），漏斗，粗砂（海砂或粗硅胶），脱脂棉。

2. 实验药品

(1) 装柱用药品：石油醚（60～90℃），硅胶（100～200 目）5 g。

(2) 待分离样品：邻硝基苯胺和对硝基苯胺的甲醇溶液。

(3) 洗脱剂：$V_{石油醚} : V_{丙酮} = 6 : 1$ 的混合液。

3. 实验装置图

实验装置如图 2-21 所示。

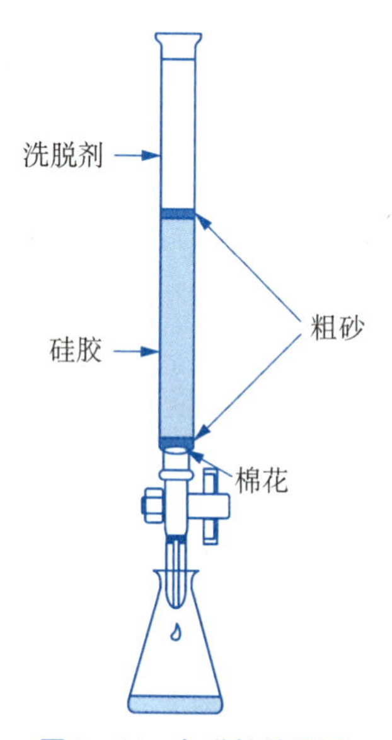

图 2-21　色谱柱装置图

四、实验步骤

1. 装柱

(1) 将干燥洁净的色谱柱垂直固定在铁架台上，柱底铺放一小团脱脂棉，加入 0.5 cm 厚的海砂，再加入 5～10 mL 的洗脱剂，用橡皮塞或橡皮管轻轻敲击柱体，将海砂敲平并赶尽其中的气泡。

（2）称 10 g 硅胶置于烧杯中，加入适量洗脱剂搅拌 5 min。打开色谱柱活塞，下端用锥形瓶接收。将调好的硅胶悬浊液边搅拌边通过玻璃漏斗加入色谱柱中，加完后敲击色谱柱，以使色谱柱装填均匀并没有气泡。当硅胶面水平时，再加入少量粗砂，敲平。

2. 加样

放掉粗砂上面的洗脱剂，待石油醚刚下降到粗砂表面时，关掉活塞。用一根长滴管吸取待分离混合样品，伸入到接近粗砂表面时挤出 1 滴样品，然后小心取出滴管，打开活塞，待粗砂刚露出时，关上活塞。再用一根干净的滴管吸洗脱剂，沿着柱壁滴 5～6 滴入柱中，打开活塞，让粗砂再次露出，再关上活塞。用吸管沿柱壁加洗脱剂约 1 mL，打开活塞，让粗砂第三次露出，然后用吸管沿柱壁加洗脱剂，打开活塞，使加入速度大于滴出速度，待洗脱剂有 8～10 cm 高时，可以慢慢地直接将洗脱剂倒入柱中。

3. 分离色带

当第一个色带快出来时，换一个接受瓶；当第一个色带全部出来后，再换一个接受瓶；当第二个色带将出来时，再换一个接受瓶；当第二个色带全部出来之后，分离工作结束。整个过程要及时向色谱柱中补加洗脱剂，将两个色带溶液分别回收。

五、注意事项

（1）向硅胶上层加砂时，硅胶上层至少要保留 5 cm 以上的洗脱剂，以免硅胶表面变形。

（2）加样时滴管尽量不要碰到柱壁，以免样品沾在柱壁上。一旦沾上，可用少量洗脱剂冲洗，再打开活塞，将液面放至硅胶平面后再冲洗，反复几次后，加满洗脱剂。

六、思考与分析

1. 简述吸附柱色谱的分离原理和过程。

2. 影响吸附柱色谱分离效果的因素有哪些？

3. 装柱是吸附柱色谱中的关键操作，装柱的好坏将直接影响分离效率。装柱应该注意哪些问题？

4. 进行柱层析前，要将待分离的样品溶于一定体积的溶剂才能上柱，请问应该怎样选择溶剂？

5. 色谱柱中若有空气泡或装填不匀，为什么会影响分离效果？
6. 为什么柱色谱分离时往往活塞不涂油脂（真空酯或凡士林）？

2.3 溶剂处理

市售的有机溶剂有各种规格，如工业纯、化学纯、分析纯等，纯度越高，价格越贵。在有机合成中，常常根据反应的特点和要求，选用适当规格的溶剂，以便反应能够顺利地进行而又符合勤俭节约的原则。某些有机反应，溶剂的要求较高，即使微量水分或杂质存在，也会对反应速率、产率和纯度带来一定影响。由于有机合成中使用溶剂的量都比较大，若仅依靠购买市售纯品，不仅价格较贵，有时也不一定能够满足要求。因此，了解有机溶剂的性质及纯化方法，是十分重要的。

实验 11　无水乙醇的制备

一、实验目的

（1）学习和掌握 CaO 制无水乙醇的原理和方法。
（2）掌握无水试剂的制备操作。

二、实验原理

市售的无水乙醇含量一般为 99.5%，通常工业用的乙醇含量为 95.5%。95.5%的乙醇是不能直接用蒸馏法制取无水乙醇的，因为 95.5%的乙醇和 4.5%的水形成恒沸点（78.2℃）混合物，要把水除去，第一步是加入 CaO（生石灰）煮沸回流，使乙醇中的水与生石灰作用生成 $Ca(OH)_2$，然后再将无水乙醇蒸出。这样得到的无水乙醇，纯度最高约 99.5%。

三、仪器与试剂

1. 实验仪器

圆底烧瓶（100 mL，50 mL），球型冷凝管，直型冷凝管，蒸馏头，温度计（0～100℃），接引管，干燥管（磨口和普通各 1 个），电热套。

2. 实验药品

工业酒精(95%的乙醇)60 mL，CaO(CP)15 g，NaOH(CP)，无水 $CaCl_2$(AR)，$KMnO_4$(AR)。

3. 实验装置图

实验装置如图 2-22 所示。

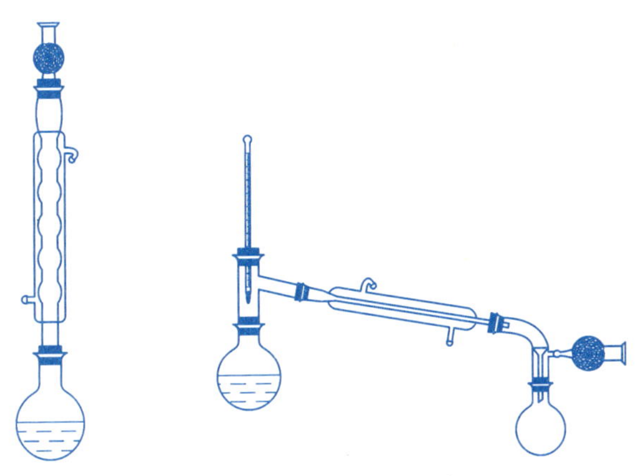

图 2-22　无水乙醇的制备装置图

四、实验步骤

(1) 在 100 mL 圆底烧瓶中加入 60 mL 的 95%的工业酒精、15 g 的 CaO 和 0.6 g 的 NaOH。安装好回流装置，检查气密性，回流装置的球形冷凝管上端安装无水 $CaCl_2$的干燥管。预先称好干燥的烧瓶和塞子的质量。

(2) 通冷凝水，电热套加热，回流 1 h。

(3) 稍冷，回流装置改为蒸馏装置，真空接引管支管连上普通干燥管，加热蒸馏，蒸去 10 mL 前馏分后，收集 80℃以下馏分。

(4) 称出无水乙醇的质量。

(5) 计算回收率。

(6) 验证含水量的大小：在无水乙醇中加入少许 $KMnO_4$，观察其中的颜色状况。若含水多，则无水乙醇中显紫红色；若含水少，则无水乙醇不显色或显浅紫色。同时用 95%的工业酒精作对比。

五、注意事项

(1) 整个操作都应该防水，回流冷凝管上的橡皮管千万不能漏水。

(2) 实验结束后，称出无水乙醇质量后，倒出 1 mL 无水乙醇加入小试管中，其余回收。

六、思考与分析

1. 在无水乙醇制备过程中，回流有什么作用？为何回流装置一般要用球形冷凝管？

2. 制备无水试剂时，应该注意哪些事项？为什么在回流装置的顶端和接受器支管上要装氯化钙干燥管？

3. 用 100 mL 工业乙醇制备无水乙醇时，理论上需要多少克 CaO？

4. 无水 $CaCl_2$ 常用作吸水剂，如果用无水 $CaCl_2$ 代替 CaO 制无水乙醇可以吗？为什么？

5. 为什么在制无水乙醇时，不先除去 CaO、$Ca(OH)_2$ 等固体物质就可以进行蒸馏？

6. 制备无水乙醇时，为何要加少量的 $NaOH$？怎样检验制得的无水乙醇是合格的？

实验 12 无水乙醚的制备

一、实验目的

(1) 学习制备无水乙醚的操作方法及注意事项。

(2) 巩固回流、蒸馏低沸点有机物等操作技能。

二、实验原理

从市场上买回来的无水乙醚，尽管瓶身会标明乙醚为分析纯，但长时间不用，难免会导致乙醚被氧化及吸收空气中的水分，所以，当用无水乙醚做反应溶剂及反应物时，常常需要进行去氧化、去水分等一系列基本操作。本实验即是制备无水乙醚的一种基本方法。

三、仪器与试剂

1. 实验仪器

三颈烧瓶，恒压漏斗，蒸馏装置。

2. 实验药品

普通乙醚 60 mL，浓硫酸 5 mL，2%的淀粉-碘化钾溶液，稀盐酸，新配制的 $FeSO_4$ 溶液 12 mL，金属钠。

3. 实验装置图

实验装置如图 2-23 所示。

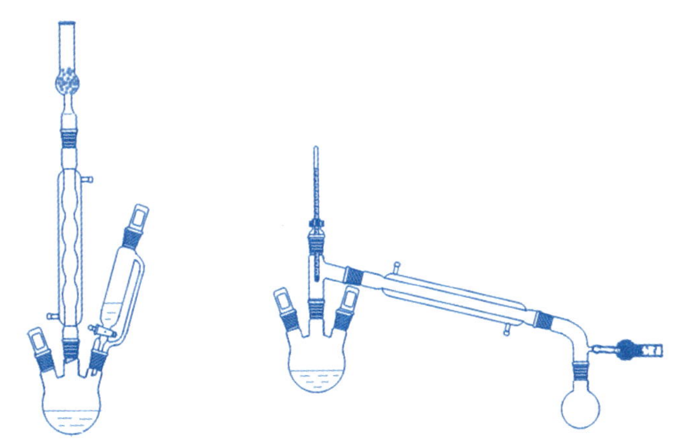

图 2-23　无水乙醚的制备装置图

四、实验步骤

(1) 检验是否含有过氧化物。取 2 mL 乙醚，与等体积的 2%的淀粉-碘化钾溶液混合，加几滴稀盐酸，摇振。若溶液呈紫色或蓝色，则证明乙醚中有过氧化物存在；若溶液未变成紫色或蓝色，则直接从(6)开始。

(2) 除去过氧化物。取 60 mL 普通乙醚于分液漏斗中，加入 12 mL(相当于乙醚体积的 1/5)新配制的 $FeSO_4$ 溶液，剧烈振荡后，静置，分去水层。

(3) 浓硫酸脱水。在三颈圆底烧瓶中，加入处理过的乙醚和几粒沸石，装上冷凝管，在烧瓶左端口处插入 5 mL 浓硫酸的恒压滴液漏斗。通入冷凝水，将浓硫酸慢慢滴入乙醚中，此时乙醚会自行沸腾。加完后摇动反应物。

(4) 待乙醚停止沸腾后，拆下冷凝管，改成蒸馏装置。在真空接引管排气支

管上连一 $CaCl_2$ 干燥管，并用与干燥管相连的橡皮管把乙醚蒸气导入水槽。加入沸石后，用热水浴加热蒸馏，蒸馏速率不宜过快，以免乙醚蒸气来不及冷凝而逸散至空气中。

（5）当乙醚蒸馏速率显著变慢时，即可停止蒸馏。瓶内所剩残液，应导入指定的回收瓶中。千万不能直接用水冲洗，以免发生爆炸危险。

（6）将蒸馏收集的无水乙醚导入干燥的圆底烧瓶中，加入约 5～6 g 钠屑和少许二苯甲酮，插上回流冷凝管和干燥管加热回流至溶液变蓝，说明水分已出尽。

（7）改成蒸馏装置，蒸出无水乙醚。

（8）量体积，并计算回收率。

五、注意事项

（1）整个操作都应该防水，回流冷凝管上的橡皮管千万不能漏水。

（2）乙醚易燃、易爆，蒸馏时不能用明火。

六、思考与分析

1. 实验室使用或蒸馏乙醚时，应该注意哪些问题？
2. 在无水乙醚的制备中，加金属钠处理之前为什么要先用浓硫酸处理？
3. 用金属钠除水时，为什么用二苯甲酮显色？它的显色机理是什么？

第3章

有机化合物的制备

3.1 卤代烃的制备

实验13 正溴丁烷

一、实验目的

（1）学习以 NaBr、浓硫酸和正丁醇制备 1-溴丁烷的原理和方法。

（2）练习带有吸收有害气体装置的回流加热操作。

二、实验原理

主反应：

$$NaBr + H_2SO_4 \longrightarrow HBr + NaHSO_4$$

$$n\text{-}C_4H_9OH + HBr \xrightleftharpoons{H_2SO_4} n\text{-}C_4H_9Br + H_2O$$

副反应：

$$n\text{-}C_4H_9OH \xrightarrow[\triangle]{H_2SO_4} C_2H_5CH{=}CH_2 + H_2O$$

$$2n\text{-}C_4H_9OH \xrightarrow[\triangle]{H_2SO_4} (n\text{-}C_4H_9)_2O + H_2O$$

$$2HBr + H_2SO_4 \xrightarrow{\triangle} Br_2 + SO_2 + 2H_2O$$

三、仪器与试剂

1. 实验仪器

圆底烧瓶(50 mL),球形冷凝管,小烧杯,小弯管,分液漏斗,三角漏斗,一套磨口蒸馏装置。

2. 实验药品

正丁醇 6.2 mL(5.0 g, 0.068 mol),无水 NaBr 8.7 g(约 0.084 mol),浓硫酸,饱和 $NaHCO_3$ 溶液,NaOH 溶液,无水 $CaCl_2$。

3. 实验装置图

实验装置如图 3-1 所示。

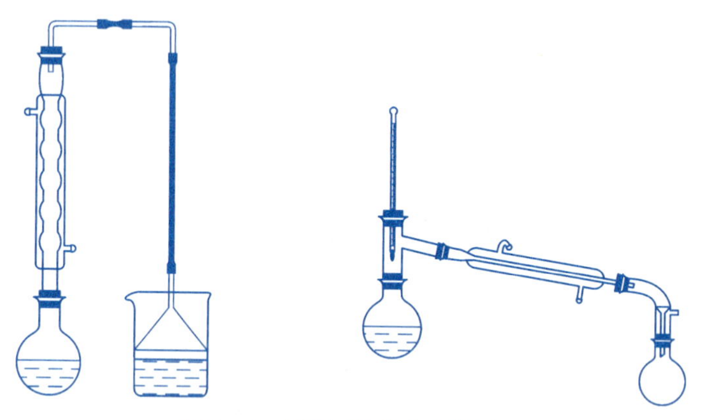

图 3-1 正溴丁烷的合成装置图

四、实验步骤

(1) 在 50 mL 磨口圆底烧瓶中加入 7 mL 的水,并小心地分批加入 9.4 mL 的浓硫酸,同时圆底烧瓶用冷水冷却。

(2) 依次加入 6.2 mL 的正丁醇和 8.7 g 的无水 NaBr,充分振摇,再加入一粒小磁子,装上球形冷凝管,在其上口装一个气体吸收的装置(漏斗口恰好接近水面,切勿浸入水中,以免倒吸)。

(3) 磁子搅拌下,磁力搅拌器加热回流 30～40 min。

(4) 冷却后,改作蒸馏装置,蒸出粗产物正溴丁烷。

(5) 将馏出液转入分液漏斗中,用等体积的水洗涤,将产物转入另一个干燥的分液漏斗中。用等体积的浓硫酸洗涤,尽量分去 H_2SO_4 层。

(6) 有机相依次用等体积的水、饱和 $NaHCO_3$ 和水洗涤后，再转入干燥的锥形瓶中，用 1～2 g 的无水 $CaCl_2$ 干燥，并不时摇动，直至液体清亮。

(7) 将干燥好的产物过滤到蒸馏烧瓶中，加入几粒沸石，加热蒸馏，收集 99～103℃馏分。称出产物质量，量出体积，计算密度及产率。

五、注意事项

(1) 反应瓶中加少量水的作用如下：①防止反应时产生大量的泡沫；②减少反应中 HBr 的挥发；③减少副产物醚、烯的生成；④减少 HBr 被浓硫酸氧化成 Br_2。

(2) 用浓硫酸洗涤粗产物是为了除去正丁醇、正丁醚和水，前两者会形成鎓盐。若不用浓硫酸洗涤，正丁醇和正溴丁烷会形成恒沸物(b. p. =98.6℃，含 13%正丁醇)，在蒸馏时难以除去。

(3) 产物用水洗涤后呈红色是因为含 Br_2，可加几毫升饱和 $NaHSO_3$ 除去。

(4) 蒸馏出粗产物后，残留物要趁热倒出，否则 $NaHSO_4$ 冷却后结块很难倒出。

(5) 吸收 HBr 装置中的漏斗切勿浸入水中，以免倒吸。

(6) 正丁醇：d_4^{20} =0.810，b. p. =118.0℃；正溴丁烷：d_4^{20} =1.276，b. p. =102.0℃；浓硫酸：d_4^{20} =1.84。

六、思考与分析

1. 写出正丁醇与氢溴酸反应制备 1-溴丁烷的反应机理。说明实验中采取哪些措施，能够使可逆反应的平衡向生成 1-溴丁烷的方向移动?

2. 在制备 1-溴丁烷时，反应瓶中为什么要加入少量的水? 水加多了好不好? 为什么?

3. 加料时，为什么加了水和浓硫酸后应冷却至室温，再加正丁醇和 NaBr? 能否先使 NaBr 与浓硫酸混合，然后加正丁醇和水? 为什么?

4. 用正丁醇和氢溴酸制备 1-溴丁烷，可能发生哪些副反应? 蒸馏粗产物中可能含有哪些杂质?

5. 用浓硫酸洗涤产品是为了除去哪些杂质? 除去杂质的依据是什么?

6. 不用浓硫酸洗涤粗产物，对反应产品的质量有何影响? 为什么?

7. 蒸馏粗产物时，应该如何判断 1-溴丁烷是否蒸馏结束?

8. 加热后，反应瓶中的内容物常出现红棕色，这是什么缘故? 蒸完粗产品后，残留物为什么要趁热倒出反应瓶？

9. 粗产品用浓硫酸洗涤后，为什么不直接用饱和 $NaHCO_3$ 洗涤，而是先用水洗然后再加饱和 $NaHCO_3$ 洗涤？

10. 在本实验操作中，如何减少副反应的发生？

11. 为什么在蒸馏前一定要滤除干燥剂 $CaCl_2$？产品 1-溴丁烷的气相色谱分析表明有少量的 2-溴丁烷，它是如何生成的？

实验 14　2-甲基-2-氯丙烷

一、实验目的

（1）掌握叔丁醇和浓盐酸制备 2-甲基-2-氯丙烷的原理。

（2）进一步巩固蒸馏的基本操作和分液漏斗的使用方法。

二、实验原理

$$(CH_3)_2C(CH_3)\text{—}OH + HCl(浓) \longrightarrow (CH_3)_2C(CH_3)\text{—}Cl + H_2O$$

三、仪器与试剂

1. 实验仪器

圆底烧瓶(50 mL)，分液漏斗，蒸馏烧瓶，直形冷凝管，温度计(0～200℃)，接液管，锥形瓶，烧杯。

2. 实验药品

叔丁醇 3.9 g(5.0 mL，0.053 mol)，浓盐酸 13 mL，5%的 $NaHCO_3$ 溶液，无水 $CaCl_2$。

3. 实验装置图

实验装置如图 3-2 所示。

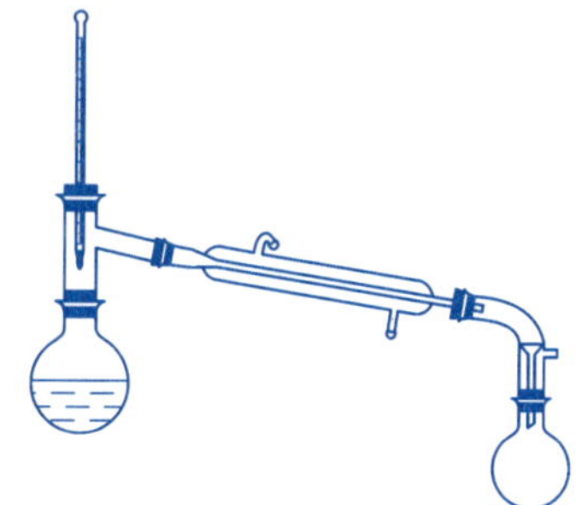

图 3-2　2-甲基-2-氯丙烷的蒸馏装置图

四、实验步骤

(1) 在50 mL圆底烧瓶中，放入3.9 g叔丁醇和13 mL浓盐酸，不断振荡13 min，转入分液漏斗后，静置，待明显分层后，分去水层。

(2) 有机层分别用水、5%的$NaHCO_3$溶液、水各3 mL洗涤。

(3) 用无水$CaCl_2$干燥洗涤后的有机层，放置一段时间，并间歇振荡。

(4) 过滤，将产品转入蒸馏烧瓶中，加入沸石，在水浴上收集50～51℃馏分。

(5) 计算产率。

五、注意事项

(1) 叔丁醇凝固点较低，可能呈固态，需在温水中加热熔化后取用。

(2) 分液时要充分振荡，保证反应完全。

六、思考与分析

1. 洗涤粗产品时，如果$NaHCO_3$溶液浓度过高、洗涤时间过长，会有什么影响？为什么？

2. 实验中未完全反应的叔丁醇如何除去？

3. 实验中分别用水、5%的$NaHCO_3$溶液、水洗涤，主要目的是什么？

4. 叔丁基氯的分子量要比叔丁醇大，为何沸点反而较低？

3.2 醇的制备

实验15 三苯甲醇

一、实验目的

(1) 了解格氏试剂的制备、应用和进行格氏反应的条件。

(2) 巩固搅拌、回流、蒸馏(包括低沸物蒸馏)等操作。

二、实验原理

$$C_6H_5Br + Mg \xrightarrow{\text{无水乙醚}} C_6H_5MgBr$$

$$C_6H_5MgBr + (C_6H_5)_2C{=}O \xrightarrow{\text{无水乙醚}} (C_6H_5)_3C\text{-}OMgBr$$

$$(C_6H_5)_3C\text{-}OMgBr \xrightarrow{NH_4Cl,\ H_2O} (C_6H_5)_3C\text{-}OH$$

三、仪器与试剂

1. 实验仪器

三颈烧瓶(50 mL),恒压滴液漏斗,球形冷凝管,量筒(10 mL,50 mL),磁力搅拌器,$CaCl_2$干燥管,抽滤瓶,布氏漏斗,烧杯,玻璃棒。

2. 实验药品

镁屑 0.5 g(0.02 mol),溴苯 2.2 mL(0.02 mol, 3.2 g),二苯甲酮 3.7 g (0.02 mol),无水乙醚 30 mL,NH_4Cl 4.0 g,一小粒 I_2。

3. 实验装置图

实验装置如图 3-3 所示。

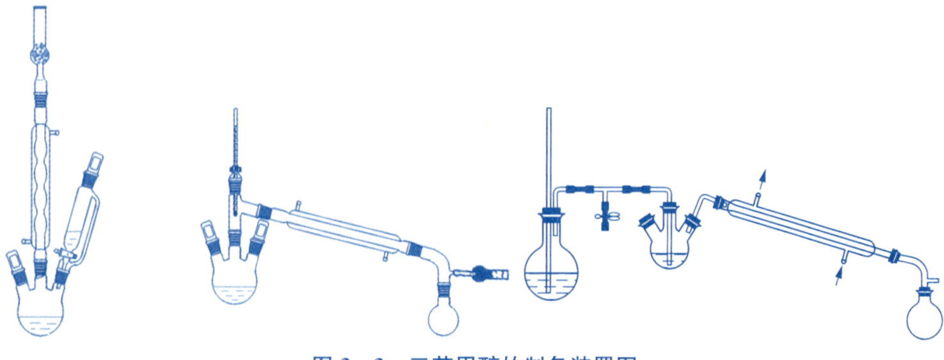

图 3-3　三苯甲醇的制备装置图

四、实验步骤

1. 苯基溴化镁的制备

(1) 在 50 mL 三颈烧瓶中装上磁力搅拌器、回流冷凝管(回流冷凝管上端装上 $CaCl_2$ 干燥管)、恒压滴液漏斗。

(2) 向三颈烧瓶加入 0.5 g 剪细的镁屑和一小粒 I_2(大约半粒米大小)。向恒压滴液漏斗中加入 2.2 mL 溴苯和 10 mL 无水乙醚的混合液,先放入 1/3 左右的混合液,用手温热三颈烧瓶,待 I_2 的黄色消失后,开动磁力搅拌器,不要打开其加热开关。

(3) 将恒压滴液漏斗中的混合液慢慢滴加到三颈烧瓶中,保持三颈烧瓶中的乙醚呈微沸状态。加完后,用 50～60℃的热水加热回流 30 min(镁屑差不多消失),这样制成格氏试剂(溶液呈暗褐色,让其冷却)。

(4) 往制备好的格氏试剂中加入 0～5 mL 无水乙醚。

2. 三苯甲醇的制备

(1) 在干燥的小锥形瓶中加入 3.7 g 二苯甲酮、10 mL 无水乙醚,盖上塞子,轻轻摇动使其溶解,再将该溶液转移到恒压滴液漏斗中。

(2) 在冷水浴冷却和搅拌下,滴加二苯甲酮的乙醚溶液(可能会出现固体,此时实验照常进行),加完后,用 50～60℃的热水加热回流 0.5 h。

(3) 在冰浴下加入 4.0 g 的 NH_4Cl 和 15 mL 的水配成的饱和溶液,搅拌使固体全溶,将溶液转移到 250 mL 的三颈烧瓶中,改成水蒸气蒸馏。

(4) 常压蒸馏乙醚,乙醚蒸完后,夹上弹簧夹进行水蒸气蒸馏(除去未反应的溴苯、联苯等副产品)。

(5) 冷却,抽滤固体,晾干,称重,计算产率。

五、注意事项

(1) 所有的仪器都必须干燥。

(2) 镁屑一定要剪细(1～2 mm 宽),否则反应速度会很慢;要刮去镁表面的氧化层,否则反应不能进行。

六、思考与分析

1. 制备格氏试剂时,应该注意哪些问题?

2. 本实验在格氏试剂加成物水解前的各步骤中,为什么使用的药品、仪器均须充分干燥?

3. 本实验溴苯加入太快或一次加入,有什么不好?应该怎样操作?

4. 分解加成产物时,饱和 NH_4Cl 溶液为什么要慢慢加入?

5. 分解加成产物通常使用饱和 NH_4Cl 水溶液,还可以使用什么试剂来分解?

6. NH_4Cl 溶液分解产物及蒸馏乙醚后,为什么还要进行水蒸气蒸馏?

7. 写出苯基溴化镁与下列化合物反应的产物(包括用稀酸水解反应混合物):①二氧化碳;②乙醇;③氧;④对甲基苯甲腈;⑤甲酸乙酯;⑥苯甲醛。

3.3 醚的制备

实验16 乙 醚

一、实验目的

(1) 掌握实验室制备乙醚的原理和方法。

(2) 掌握低沸点易燃液体蒸馏的操作方法。

二、实验原理

主反应:

$$C_2H_5OH + H_2SO_4 \longrightarrow C_2H_5OSO_2OH + H_2O$$

$$C_2H_5OSO_2OH + C_2H_5OH \xrightarrow{140℃} C_2H_5OC_2H_5 + H_2SO_4$$

总式:

$$2C_2H_5OH \xrightarrow[140℃]{H_2SO_4} C_2H_5OC_2H_5 + H_2O$$

副反应:

$$C_2H_5OH \xrightarrow[160℃]{H_2SO_4} CH_2=CH_2 + H_2O$$

$$C_2H_5OH \xrightarrow{H_2SO_4} CH_3CHO + SO_2 + H_2O$$

$$CH_3CHO \xrightarrow{H_2SO_4} CH_3CO_2H + SO_2 + H_2O$$

可见反应温度不同，所得产物不同，而且温度越高，浓硫酸的氧化能力就越强，醇被氧化，副反应就加剧。所以，本实验的操作关键是严格控制反应温度在135～145℃之间。

三、仪器与试剂

1. 实验仪器

三颈烧瓶(100 mL)，圆底烧瓶(50 mL 两个)，温度计(0～200℃)，恒压漏斗(100 mL)，锥形瓶，三角漏斗，水浴锅，蒸馏头，直形冷凝管，接引管。

2. 实验药品

95%的乙醇 38 mL(30 g，0.63 mol)，浓硫酸 12 mL，5%的 NaOH 溶液 8 mL，饱和 NaCl 溶液 8 mL，饱和 $CaCl_2$溶液 16 mL，无水 $CaCl_2$(1.0～2.0)g。

3. 实验装置图

实验装置如图 3-4 所示。

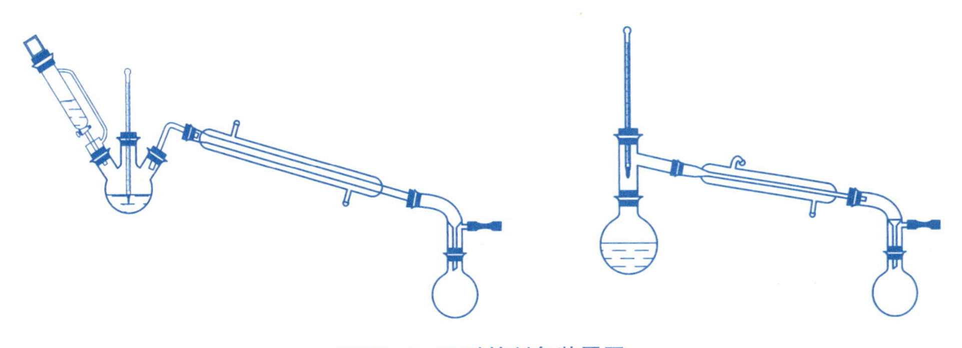

图 3-4　乙醚的制备装置图

四、实验步骤

(1) 在干燥的三颈烧瓶中放入 13 mL 的 95%的乙醇，分批加入 12 mL 的浓硫酸(至少分 4 次加完)，边加边用冰水冷却。

(2) 在恒压漏斗中放入 25 mL 的 95%的乙醇，然后按实验装置图装好仪器，接受瓶置于冰水浴中。

(3) 加热，使反应温度比较迅速地上升到 135℃。然后慢慢滴加乙醇，控制滴加速度使其与馏出速度相等(约为 1～2 d/s)，并维持反应温度在 135～145℃之间。

(4) 滴加完毕，继续加热，直至温度上升至160℃时，撤掉热源冷却。

(5) 馏出液转入分液漏斗中，依次用8 mL的5%的NaOH溶液、8 mL的饱和NaCl溶液洗涤，再用16 mL的饱和$CaCl_2$溶液分两次洗涤，静置，分液。

(6) 有机层转入干燥的锥形瓶，加入1～2 g无水$CaCl_2$干燥。

(7) 过滤，将滤液转入圆底烧瓶，加入沸石。安装蒸馏装置，在热水浴(60℃)中蒸馏，收集33～38℃的馏分，称重，计算产率。

(纯乙醚：b. p. =34.5℃，ρ=0.714，折光率n_D^{20} =1.356 2)

五、注意事项

(1) 加浓硫酸时应分批加入，边加边振摇，并用冰水冷却。

(2) 如果用滴液漏斗代替恒压漏斗，可将滴液漏斗的支管插入反应液面以下，这样更有利于反应的进行。

(3) 保持滴加速度和馏出速度大致相等(1～2 d/s)。

(4) 制备时蒸馏烧瓶用冰水冷却，并且其支管接一根橡皮管通入下水道；蒸馏时接受瓶用冰水冷却，接液管支管接上一根装有无水$CaCl_2$的普通干燥管。

(5) 乙醚易燃，沸点低，严加注意在蒸馏乙醚时，附近不能有火源，装置不能漏气。

(6) 蒸馏乙醚时不能蒸干，这是因为乙醚会和空气中的氧气反应生成过氧化物，过氧化物受热分解容易爆炸。

六、思考与分析

1. 实验室使用或蒸馏乙醚时，应该注意哪些问题？

2. 在制备乙醚时，滴液漏斗的下端若不浸入反应液液面以下，会有什么影响？如果滴液漏斗的下端较短、不能浸入反应液液面下，应该怎么办？

3. 在制备乙醚和蒸馏乙醚时，温度计被安装的位置是否相同？为什么？

4. 在制备乙醚时，反应温度已高于乙醇的沸点，为什么乙醇不易被蒸馏出？

5. 制备乙醚时，为何要控制滴加乙醇的速度？怎样滴加比较合适？

6. 在粗制乙醚中有哪些杂质？它们是怎样形成的？实验中可以采取哪些措施将它们一一除去？

实验17　正　丁　醚

一、实验目的

(1) 掌握醇分子间脱水制备醚的反应原理和试验方法。

(2) 学习使用分水器的实验操作。

二、实验原理

主反应：

$$2CH_3CH_2CH_2CH_2OH \xrightleftharpoons[\triangle]{H_2SO_4} CH_3CH_2CH_2CH_2OCH_2CH_2CH_2CH_3 + H_2O$$

副反应：

$$CH_3CH_2CH_2CH_2OH \xrightarrow{H_2SO_4} CH_3CH_2CHCH_2 + H_2O$$

三、仪器与试剂

1. 实验仪器

三颈烧瓶(100 mL)，分水器，温度计，回流冷凝器，蒸馏烧瓶(50 mL)，蒸馏头，接液管，分液漏斗。

2. 实验药品

正丁醇 15.5 mL(12.5 g，0.17 mol)，浓硫酸 2.3 mL(4.5 g，0.045 mol)，无水 $CaCl_2$，50%的硫酸溶液。

3. 实验装置图

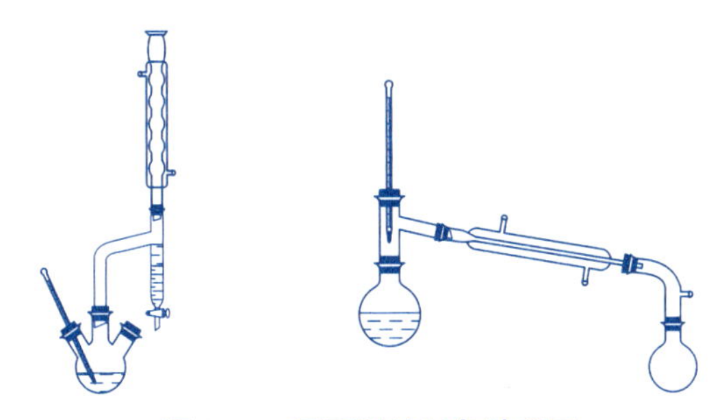

图 3-5　正丁醚的制备装置图

四、实验步骤

(1) 在 100 mL 三颈烧瓶中，加入 12.5 g(15.5 mL)的正丁醇和 2.3 mL 的

浓硫酸，摇动使混合均匀，并加入几粒沸石。

(2) 在三颈烧瓶的一侧瓶口装上温度计，中间瓶口装上分水器，分水器上端接回流冷凝管。

(3) 在分水器中放置 2 mL 水，然后用小火加热烧瓶，保持瓶内微沸，回流分水。

(4) 继续加热使瓶内温度升高至 134～135℃(约需 1 h)。

(5) 冷却反应物，将它连同分水器里的水一起倒入内盛 25 mL 水的分液漏斗中，充分振摇，静止，分出产物粗制正丁醚。

(6) 用 50%的硫酸(4 mL)洗涤两次，再用 10 mL 的水洗涤一次，分出有机层，然后用无水 $CaCl_2$ 干燥。

(7) 干燥后的产物倒入蒸馏烧瓶中，加热蒸馏，收集 139～142℃的馏分。

五、注意事项

(1) 反应开始回流时，因为正丁醇和水形成恒沸物，温度不可能马上达到 134～135℃。随着水的蒸除，温度慢慢升高，最后达到 135℃左右即应停止加热。如果反应温度升得太高，反应液会因炭化而变黑，并有副产物丁烯生成。

(2) 正丁醇溶解在饱和 $CaCl_2$ 溶液中，而正丁醚微溶于 $CaCl_2$ 溶液。

六、思考与分析

1. 如何判断反应已经比较完全？

2. 反应结束后，为什么要将混合物倒入 25 mL 水中？其后各步洗涤的目的是什么？

3. 在正丁醚的制备过程中，为什么要使用分水器？它有什么作用？

3.4 酰胺的制备

实验 18 乙酰苯胺

一、实验目的

(1) 掌握苯胺乙酰化反应的原理和实验操作。

(2) 进一步熟悉固体有机物提纯的方法——重结晶。

二、实验原理

$$C_6H_5NH_2 + CH_3CO_2H \overset{\triangle}{\rightleftharpoons} C_6H_5NHCOCH_3 + H_2O$$

三、仪器与试剂

1. 实验仪器

圆底烧瓶(50 mL),刺形分馏柱,温度计(0～200℃),接液管,烧杯,抽滤瓶,布氏漏斗。

2. 实验药品

苯胺 5 mL(5.1 g, 0.055 mol),冰醋酸 7.5 mL(7.8 g, 0.13 mol),锌粉,活性炭。

3. 实验装置图

实验装置如图 3-6 所示。

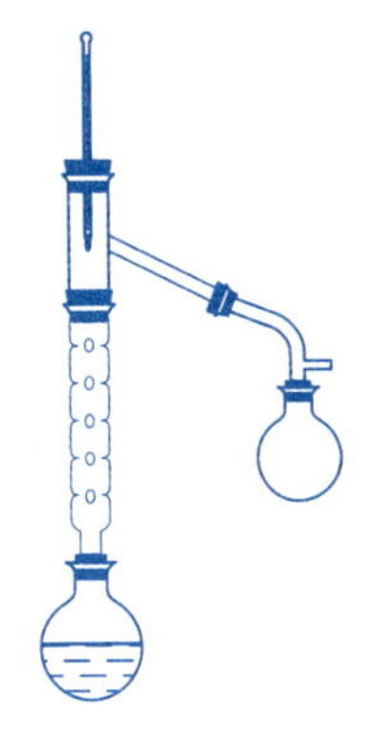

图 3-6　乙酰苯胺的制备装置图

四、实验步骤

(1) 在 50 mL 圆底烧瓶中,加入 5 mL 苯胺、7.5 mL 冰醋酸、少许锌粉(约 0.05 g)、1～2 粒沸石,装上刺形分馏柱,按照图 3-6 将装置装好。

(2) 用电热套加热,使反应物保持微沸 15 min。然后逐渐升高温度,当温度计读数达到 100℃时,支管即有液体流出。维持温度在100～110℃之间反应 1.5 h,生成的水及大部分醋酸已被蒸出,此时温度计读数下降,表示反应已经结束。

(3) 趁热将反应混合物倒入装有 100 mL 冷水的烧杯中,有黄色固体析出。加热使产物全溶(如有少量不溶,再加少量水直至全溶),稍冷加少量活性炭,再加热煮沸 5 min。

(4) 趁热抽滤,滤液转移到 200 mL 烧杯中。煮沸,自然冷却,即有晶体析出。

(5) 抽滤,将得到的晶体自然晾干,称重,计算产率。

五、注意事项

(1) 加入锌粉,是为了防止苯胺在反应中被氧化、生成有色杂质。

(2) 保持温度计读数在 100～110℃之间,温度不应过高,因为冰醋酸 b. p. =117℃。

(3) 反应物应趁热倒出,原因如下:①反应物冷却后即有固体析出,黏在瓶壁上不易处理;②过量的 HOAc 和未反应的苯胺可形成苯胺醋酸盐,因其溶于水可被除去。

六、思考与分析

1. 用苯胺为原料进行苯环的一些取代反应时,为什么常常要先进行乙酰化?举例说明氨基保护在有机合成中的应用。

2. 常用的乙酰化试剂有哪些?哪一种较为经济?哪一种反应最快?

3. 在用冰醋酸法制备乙酰苯胺实验中,采用哪些措施来提高产率?

4. 用冰醋酸制乙酰苯胺时,为什么要控制分馏柱上端的温度在 100～110℃之间?温度过高有什么不利之处?

5. 若使用 8 mL 的苯胺和 9 mL 的乙酸酐来制备乙酰苯胺,哪一种试剂过量?乙酰苯胺的理论产量是多少?

实验 19 ε-己内酰胺

一、实验目的

(1) 学习通过环己酮肟的贝克曼重排制备 ε-己内酰胺的原理和方法。

(2) 进一步巩固萃取分液的实验操作。

二、实验原理

N—OH

$\xrightarrow{H_2SO_4}$

O NH

三、仪器与试剂

1. 实验仪器

三口烧瓶,温度计,分液漏斗,锥形瓶,抽滤瓶,布氏漏斗。

2. 实验药品

干燥的环己酮肟(17.7 mmol)2 g,85%的硫酸,20%的氨水,氯仿,无水 Na_2SO_4。

3. 实验装置图

实验装置如图 3-7 所示。

图 3-7 ε-己内酰胺的制备装置图

四、实验步骤

(1) 在 50 mL 烧杯中加入 2 g 干燥的环己酮肟,并加入 3 mL 的 85%的硫酸,在搅拌下加热至沸,移除热源。

(2) 冷却至室温后,再放置于冰水浴中冷却。在搅拌下滴加 20%的氨水直至呈碱性,控制温度在 10℃以内。

(3) 反应物转移至分液漏斗中,分出有机层,水层用二氯甲烷萃取两次,每次 10 mL。合并有机层,并用等体积水洗涤两次后,用无水 Na_2SO_4 干燥。

(4) 过滤,蒸去氯仿,残留液倒入小锥形瓶,置于冰水浴中冷却结晶。

(5) 抽滤,干燥,称重,计算产率。

五、注意事项

(1) 85%的硫酸是由 5 倍体积的浓硫酸和 1 倍体积的水混合而成。

(2) 环己酮肟的贝克曼重排反应一般选择较大的容积,以便散热。

六、思考与分析

1. 写出环己酮肟的贝克曼重排反应制备 ε-己内酰胺的反应机理。
2. 配制 85%的硫酸时有哪些注意事项?
3. 萃取分液时,遇到混合溶液难以分层,一般有哪些方法可以解决?

3.5 羧酸的制备

实验20 己二酸

一、实验目的

(1) 学习用环己醇氧化制备己二酸的原理和方法。

(2) 掌握浓缩、过滤、重结晶等操作技能。

二、实验原理

$$3\,\text{C}_6\text{H}_{11}\text{OH} + 8\,\text{HNO}_3 \longrightarrow 3\,\text{HO}_2\text{C(CH}_2)_4\text{CO}_2\text{H} + 8\,\text{NO} + 7\,\text{H}_2\text{O}$$

$$8\,\text{NO} \xrightarrow{4\,\text{O}_2} 8\,\text{NO}_2$$

三、仪器与试剂

1. 实验仪器

三颈烧瓶(250 mL),温度计(0～100℃),恒压漏斗,球形冷凝管,量筒(10 mL, 50 mL),三角漏斗,抽滤瓶,布氏漏斗,小烧杯。

2. 实验药品

环己醇 2.7 mL(2.5 g,约 0.025 mol),50%的硝酸 8 mL,偏钒酸铵,稀 NaOH 溶液。

3. 实验装置图

实验装置如图 3-8 所示。

四、实验步骤

(1) 用 50 mL 量筒量取 8 mL 的 50%的硝酸加入 250 mL 三颈烧瓶中,再加入少许偏钒酸铵,瓶口分别安装温度计、回流冷凝管和恒压漏斗。冷凝管上端接

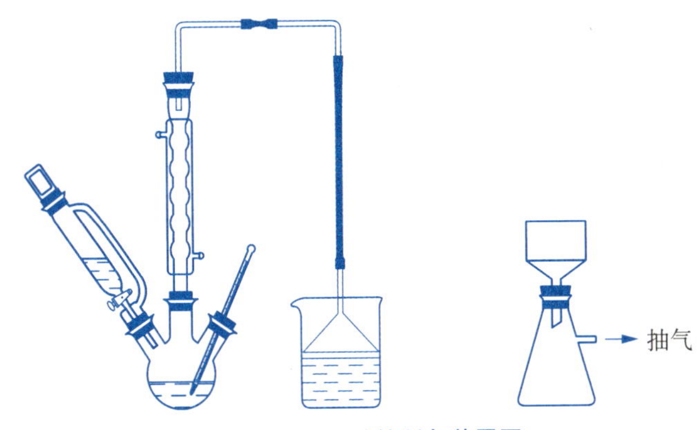

图3-8 己二酸的制备装置图

一尾气吸收装置，用碱液吸收反应中产生的NO_2和NO气体。

(2) 量取2.7 mL的环己醇加入恒压漏斗中，加完后用1.5 mL的水洗涤量过环己醇的量筒，并倒入恒压漏斗中。

(3) 将三颈烧瓶用酒精灯预热至50℃左右，然后移去热源，先滴入5～6滴环己醇。反应开始后，瓶内反应物温度升高，并有红棕色气体放出。然后，慢慢滴加剩余的环己醇(m. p. =21～24℃)，调节滴加速度，保持瓶内温度在55～65℃之间，使反应液处于微沸状态。

(4) 当温度过高时，用冷水冷却；当温度过低时，用酒精灯加热。

(5) 加完(约15 min)后继续加热回流10 min，直至无红棕色气体(NO_2)放出为止。

(6) 趁热将反应液倒入100 mL烧杯中，冷水浴冷却后抽滤，用10 mL冰水洗涤，干燥后，称重，计算产率。

五、注意事项

(1) 本装置严禁漏气，用碱液吸收尾气(NO_2和NO)，最好在通风橱中进行。

(2) 环己醇与浓硝酸切勿用同一量筒量取，因二者相遇会发生剧烈反应，甚至发生意外。

(3) 环己醇的熔点为24℃，熔融时为黏稠状液体。为了减少转移时的损失，可用少量水冲洗量筒，倒入恒压漏斗中，同时还可降低其熔点，以免堵住漏斗。

六、思考与分析

1. 加料时，量过环己醇的量筒能否直接用来量取50%的硝酸？

2. 量过环己醇的量筒为何要加少量温水洗涤？并且要将此洗液倒入加料用的恒压漏斗中？

3. 用环己醇氧化制备己二酸时，为什么要在回流冷凝管的上端接气体吸收装置？吸收此尾气是用水好，还是用碱液好？

4. 为什么有些实验在加入最后一种物料之前，都要先加热前面的物料（如己二酸制备实验中就得先预热到 50～60℃）？

5. 制备己二酸实验的关键操作是什么？请说明其原因。

6. 制备己二酸时，应该如何控制反应温度？

7. 用硝酸法制备己二酸时，为什么要用 50%的硝酸而不是用 71%的浓硝酸？

8. 反应完毕后，为什么要趁热倒出反应液？抽滤后得到的滤饼为何要用冰水洗涤？

9. 用 5.3 mL 的环己醇加 16 mL 的 50%的硝酸制备己二酸，试计算其理论产量（98%的环己醇的比重为 0.962 4，50%的硝酸的比重为 1.31）。

3.6 羧酸酯的制备

实验 21 乙 酸 乙 酯

一、实验目的

（1）熟悉酯化反应原理及进行的条件，掌握乙酸乙酯的制备方法。

（2）掌握液体有机物的精制方法。

（3）熟悉常用的液体干燥剂，掌握其使用方法。

二、实验原理

有机酸酯可用醇和羧酸在少量无机酸催化下直接酯化制得。当没有催化剂存在时，酯化反应很慢；当采用酸作催化剂时，就可以大大地加快酯化反应的速度。酯化反应是一个可逆反应。为使平衡向生成酯的方向移动，常常使反应物之一过量，或将生成物从反应体系中及时除去，或者两种方法兼用。本实验利用共沸混合物、反应物之一过量的方法制备乙酸乙酯。

$$CH_3CO_2H + CH_3CH_2OH \underset{\triangle}{\overset{浓\ H_2SO_4}{\rightleftharpoons}} CH_3CO_2C_2H_5 + H_2O$$

三、仪器与试剂

1. 实验仪器

圆底烧瓶,冷凝管,温度计,蒸馏头,分液漏斗,酒精灯,接液管,锥形瓶。

2. 实验药品

冰醋酸 7.2 mL(7.5 g, 0.012 5 mol),95%的乙醇 11.5 mL(9.2 g, 0.018 5 mol),浓硫酸 4 mL,饱和 Na_2CO_3 溶液,饱和 $CaCl_2$ 溶液,饱和食盐水,无水 $MgSO_4$。

3. 实验装置图

实验装置如图 3-9 所示。

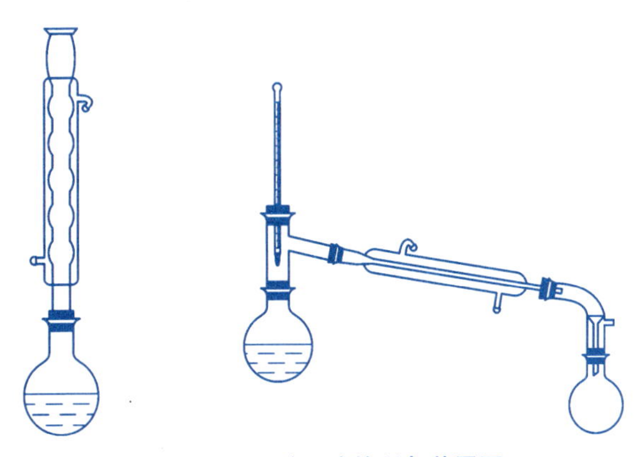

图 3-9 乙酸乙酯的制备装置图

四、实验步骤

(1) 在 100 mL 圆底烧瓶中,加入 7.2 mL 的冰醋酸和 11.5 mL 的 95%的乙醇,混合均匀后,将烧瓶放置于冷水浴中,分批缓慢地加入 4 mL 的浓硫酸,同时振摇烧瓶。混匀后加入 2～3 粒沸石,按图 3-9 装好回流装置,打开冷凝水,用电热套加热,保持反应液在微沸状态下回流 30 min。

(2) 冷却至接近室温时,改为蒸馏装置。加热蒸馏,收集 73～79℃的馏分,可得粗乙酸乙酯。

(3) 在粗乙酸乙酯中慢慢地加入饱和 Na_2CO_3 溶液，直到无 CO_2 气体逸出后，将混合液倒入分液漏斗中，静置，分去水层。

(4) 有机相用约 5 mL 的饱和食盐水洗涤，充分振摇。静置分层后，分出水层。

(5) 每次用 5 mL 的饱和 $CaCl_2$ 溶液洗涤两次，弃去水层。

(6) 酯层转入干燥的锥形瓶中，用无水 $MgSO_4$ 干燥。

(7) 将干燥好的粗乙酸乙酯倒入圆底烧瓶中，安装蒸馏装置，加热蒸馏，收集 73～78℃的馏分。

五、注意事项

(1) 实验进行前，圆底烧瓶、冷凝管应该是干燥的。

(2) 回流时注意控制温度不宜太高，否则会增加副产物的量。

(3) 在馏出液中除了酯和水外，还含有未反应的少量乙醇和乙酸，也还有副产物乙醚，故加饱和 Na_2CO_3 溶液主要是除去其中的酸。多余的 Na_2CO_3 在后续的洗涤过程可被除去，可用 pH 试纸检验产品是否呈碱性。

(4) 饱和食盐水主要洗涤粗产品中的少量 Na_2CO_3，还可洗除一部分水。此外，由于饱和食盐水的盐析作用，可大大降低乙酸乙酯在洗涤时的损失。

(5) 用 $CaCl_2$ 饱和溶液洗涤时，$CaCl_2$ 与乙醇形成络合物而溶于饱和 $CaCl_2$ 溶液中，由此除去粗产品中所含的乙醇。

(6) 乙酸乙酯与水或醇可分别生成共沸混合物，若三者共存，则生成三元共沸混合物。因此，当酯层中的乙醇不除净或干燥不够时，由于形成低沸点的共沸混合物，会影响酯的产率。

六、思考与分析

1. 酯化反应有什么特点？在实验中采取哪些措施来提高乙酸乙酯的产率？

2. 酯化反应中采用醇过量好，还是采用酸过量好？

3. 浓硫酸在酯化反应中有何作用？一般硫酸用量为醇用量的 3%就可以，为何本实验要稍多加一些？是否是加得越多越好？

4. 在乙酸乙酯制备中，若温度过高或乙醇-乙酸混合液滴加速度太快，会对反应有何影响？

5. 在乙酸乙酯制备中，可能发生哪些副反应？在馏出液中可能有哪些杂质？实验中是怎样除去的？

6. 在乙酸乙酯粗产物的精制中，饱和 Na_2CO_3 溶液是除酸，饱和 $CaCl_2$ 溶液是除醇。为何在这两步之间要加饱和 NaCl 溶液洗涤？用水洗涤可以吗？能否用浓 NaOH 溶液代替饱和 Na_2CO_3 溶液洗涤？

7. 在制备实验中，常用化学干燥法除去液体有机物中的少量水分，选择干燥剂时应该注意哪些问题？为何本实验不用无水 $CaCl_2$ 干燥乙酸乙酯？

8. 为什么乙酸乙酯粗产物中的杂质未除净或干燥不完全，会影响产率？

实验22　苯甲酸乙酯

一、实验目的

(1) 学习苯甲酸和乙醇制备苯甲酸乙酯的原理和方法。

(2) 加深分水器的使用及液体有机物的精制方法。

二、实验原理

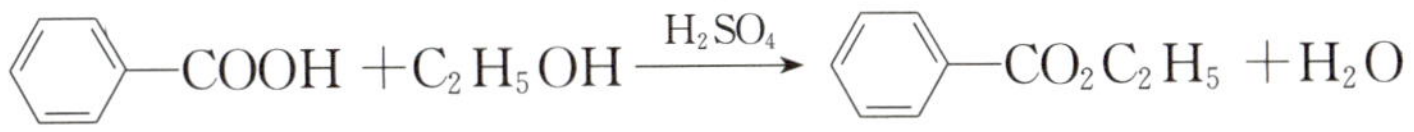

$$C_6H_5{-}COOH + C_2H_5OH \xrightarrow{H_2SO_4} C_6H_5{-}CO_2C_2H_5 + H_2O$$

三、仪器与试剂

1. 实验仪器

圆底烧瓶(50 mL)，分液漏斗，抽滤瓶，布氏漏斗，直形冷凝管，蒸馏烧瓶，接液管，温度计(0～200℃)。

2. 实验药品

苯甲酸 4 g(0.033 mol)，乙醇 10 mL(0.17 mol)，甲苯 7 mL，浓硫酸 1.5 mL，无水 $CaCl_2$，乙醚，Na_2CO_3。

3. 实验装置图

实验装置如图 3－10 所示。

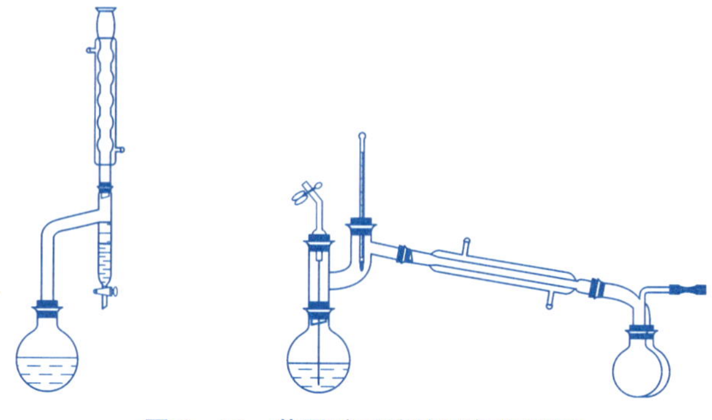

图 3-10　苯甲酸乙酯的制备装置图

四、实验步骤

(1) 在 50 mL 圆底烧瓶中加入 4 g 的苯甲酸、10 mL 的乙醇、7 mL 的甲苯和 1.5 mL 的浓硫酸。

(2) 按图 3-10 搭好装置，搅拌下加热回流 2 h，至分水器中层的液体达 3 mL左右，停止加热。

(3) 放出中层和下层液体并记下体积，继续加热，蒸除多余的乙醇和甲苯，移去热源。

(4) 将残留液倒入盛有 30 mL 水的烧杯中，分批加入固体 Na_2CO_3 至中性。

(5) 转移至分液漏斗，分液，水层用 10 mL 的乙醚萃取，合并有机相，用无水 $CaCl_2$ 干燥。

(6) 蒸掉乙醚，加热减压蒸馏，收集 115～125℃/0.095 MPa 馏分，称出产物质量，量出体积，计算密度及产率。

五、注意事项

(1) 如果粗产品中含有絮状物难以分层，可以直接用乙醚萃取。

(2) 加入固体 Na_2CO_3 是为了除去硫酸和未反应的苯甲酸。

六、思考与分析

1. 本实验采用何种措施来提高酯的产率？
2. 为什么采用分水器除水？
3. 实验中何种原料过量？为什么会过量？为什么要加苯？
4. 浓硫酸有什么作用？有哪些常用酯化反应的催化剂？

实验23 乙酰水杨酸

一、实验目的

（1）掌握乙酰水杨酸的制备原理和实验操作。

（2）掌握用有机溶剂进行重结晶的操作。

二、实验原理

主反应：

$$\text{(邻羟基苯甲酸, } CO_2H,\ OH) + (CH_3CO)_2O \xrightarrow{H_2SO_4} \text{(邻乙酰氧基苯甲酸, } CO_2H,\ OCCH_3 \text{ with } C{=}O)$$

副反应：

$$\text{(}CO_2H,\ OH\text{)} + \text{(}CO_2H,\ OH\text{)} \xrightarrow{H_2SO_4} \text{(}CO_2H,\ O{-}C(=O){-}C_6H_4{-}OH\text{)}$$

$$\text{(}CO_2H,\ O{-}C(=O){-}C_6H_4{-}OH\text{)} + (CH_3CO)_2O \xrightarrow{H_2SO_4} \text{(}CO_2H,\ O{-}C(=O){-}C_6H_4{-}OCCH_3 \text{ with } C{=}O\text{)}$$

$$n\ \text{(}CO_2H,\ OH\text{)} \xrightarrow{H_2SO_4} \left[O{-}C_6H_4{-}C(=O) \right]_n$$

三、仪器与试剂

1. 实验仪器

圆底烧瓶（100 mL，50 mL），直形冷凝管，烧杯，分液漏斗，抽滤瓶，布氏漏斗。

2. 实验药品

水杨酸 2 g(0.014 mol),乙酸酐 5 mL(5.4 g,0.05 mol),乙酸乙酯,浓硫酸。

3. 实验装置图

实验装置如图 3-11 所示。

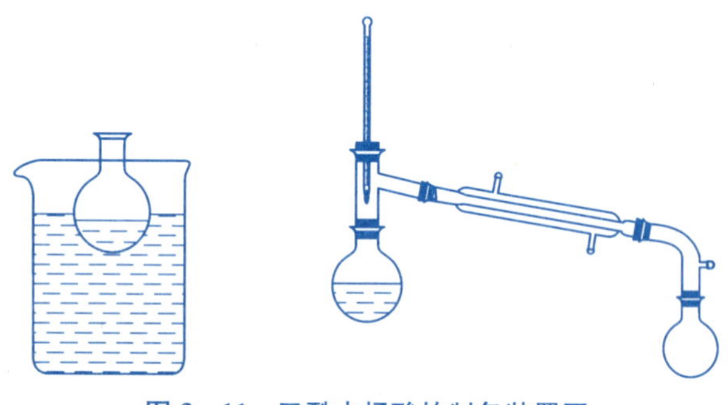

图 3-11 乙酰水杨酸的制备装置图

四、实验步骤

(1) 在 100 mL 圆底烧瓶中,加入 2 g 的水杨酸、5 mL 的乙酸酐和 5 滴浓硫酸,摇动圆底瓶,使水杨酸全部溶解。

(2) 在 85~90℃的水浴上加热 15 min,移去水浴,稍冷后往圆底烧瓶中缓慢加入 5 mL 的冷水,待反应平稳后,再加入 20 mL 的水。

(3) 往圆底烧瓶中加入 20 mL 的乙酸乙酯,待固体全溶后,将溶液转入分液漏斗中,分层后放出水层。再用 10 mL 的乙酸乙酯萃取水层,合并两次的酯层,用 5 mL 的饱和 $NaHCO_3$ 溶液洗涤一次,再用 5 mL 的饱和食盐水洗涤一次,将有机层用无水 $MgSO_4$ 干燥。

(4) 过滤到另一锥形烧瓶中,放入 50 mL 磨口圆底烧瓶,浓缩溶液至 6 mL 左右,让其自然冷却,析出针状晶体。

(5) 抽滤,将得到的白色针状晶体自然晾干后称重。

五、注意事项

(1) 水浴温度不能高于 90℃,否则上面提到的副反应就会加剧。

(2) 加水的目的是为了分解过量的乙酸酐,乙酸酐遇水会剧烈分解,所以加入时要特别小心，可分2～3次加完。

(3) 随着温度的降低，反应物先变混浊，这是乙酰水杨酸的小晶体，静置后变为针状晶体。

(4) 不必用让乙酰水杨酸形成盐的方法来除去聚合物等副产物，许多有机化学实验教材中都没有这一步。乙酰水杨酸不能在热水中重结晶，否则会被水解成水杨酸。不先抽干再重结晶是因为产品的干燥需要很长时间，故采用分液后再将溶液干燥、浓缩的方法来代替。

六、思考与分析

1. 在乙酰水杨酸的制备过程中，加入磷酸的作用是什么？能否用水杨酸与乙酸直接酯化来制备乙酰水杨酸？

2. 在合成阿司匹林时有少量高聚物生成，写出此高聚物的结构，并说明实验中是怎样将粗产品中的少量高聚物除去的？

3. 阿司匹林中最可能存在什么杂质？它是怎样带入的？如何检验杂质的存在？

4. 纯净的阿司匹林对 $FeCl_3$ 呈阴性反应，但是由95%的乙醇结晶得到的阿司匹林有时却显示为正反应，试解释其原理。

5. 下列哪些化合物与 $FeCl_3$ 呈显色反应？

(1)苯甲酸；(2)苯酚；(3)苄醇；(4)乙醇；(5)β-萘酚；(6)1-羟基-2-萘甲酸。

3.7　重氮盐的制备及应用

实验24　甲　基　橙

一、实验目的

通过甲基橙的制备，掌握重氮化反应和偶合反应的实验操作。

二、实验原理

$$HO_3S-C_6H_4-NH_2 + NaNO_2 \longrightarrow NaO_3S-C_6H_4-NH_2 + HNO_2$$

$$NaO_3S-C_6H_4-NH_2 + HNO_2 \xrightarrow{H_2O} NaO_3S-C_6H_4-N{=}N-OH$$

$$Na_3S-C_6H_4-N{=}N-OH \xrightarrow{PhN(CH_3)_2} NaO_3S-C_6H_4-N{=}N-C_6H_4-N(CH_3)_2$$

三、仪器与试剂

1. 实验仪器

磁力搅拌器，烧杯(250 mL)，玻璃棒，布氏漏斗，抽滤瓶，托盘天平，量筒。

2. 实验药品

对氨基苯磺酸(不含结晶水)1.7 g，$NaNO_2$ 0.8 g(0.011 mol)，N,N-二甲基苯胺 1.2 g(约 1.3 mL，0.01 mol)，20%的 NaOH，pH 试纸，淀粉-碘化钾试纸，尿素。

3. 实验装置图

实验装置如图 3-12 所示。

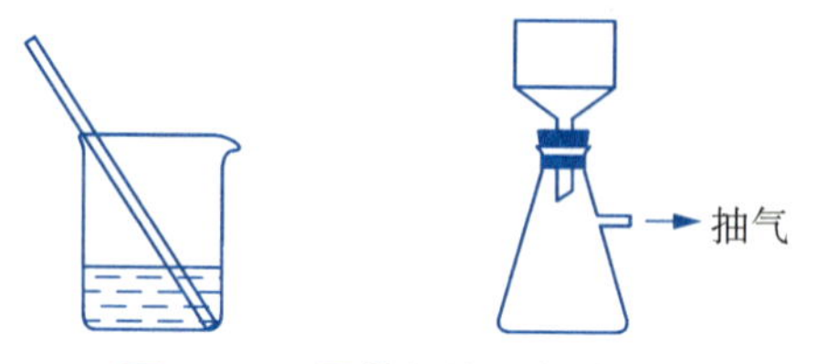

图 3-12　甲基橙的制备装置图

四、实验步骤

(1) 称取 1.7 g 的对氨基苯磺酸于 250 mL 烧杯中，再加入 40 mL 的水，放入磁子，置于磁力搅拌器上(不能加热)，搅拌片刻。

(2) 用 10 mL 量筒量取 1.3 mL 的 N,N-二甲基苯胺加入烧杯中，继续搅拌，直至对氨基苯磺酸固体完全溶解。

(3) 称取 0.8 g 的 $NaNO_2$，边搅拌边缓慢加入 250 mL 烧杯中，加完 $NaNO_2$ 后加快搅拌速度，剧烈搅拌 25 min。

(4) 停止搅拌，用淀粉-碘化钾试纸检验溶液。如试纸变为蓝色，则说明溶

液中含有过量的 HNO_2，需要除去。

(5) 然后滴加20%的NaOH(边加边搅拌)，直至溶液的pH值为10(用pH试纸检验)。

(6) 开启磁力搅拌器的加热功能，并缓慢搅拌直至溶液沸腾。取出搅拌子，将烧杯放在实验台上自然冷却，抽滤；将产品放到表面皿上自然风干，称重，并计算产率。

五、注意事项

过量亚硝酸的除去方法如下：加入少量尿素(约1勺)，搅拌，直到不再冒气泡为止，并且溶液不使淀粉-碘化钾试纸变为蓝色为止。

六、思考与分析

1. 什么是偶合反应？偶合反应属于哪种反应类型？为什么偶合反应总是发生在重氮盐与酚类或芳胺之间？

2. 反应介质对反应是否有影响？重氮盐与酚类和芳胺偶合时，应在什么介质中更加有利？为什么？

3. 在制备重氮盐(如制备氯化重氮苯)时，为什么要在强酸介质中进行？并且强酸要适当过量？

4. 重氮化反应为什么在低温下进行？

5. 在进行重氮反应时，为什么加 $NaNO_2$ 溶液(直接法重氮化)或加盐酸溶液(倒转法重氮化)时反应要慢？

6. 在制备甲基橙时，难溶于酸的对氨基苯磺酸大多采用倒转法重氮化，在缓慢加入盐酸溶液的同时，为什么要不断搅拌？

7. 在制备重氮盐时，为什么要把对氨基苯磺酸变成钠盐后，再加 $NaNO_2$ 和浓盐酸？如果改为先将对氨基苯磺酸与浓盐酸混合，再加 $NaNO_2$ 溶液进行重化反应，这样做行不行？为什么？

8. 在制备甲基橙时，在重氮化过程中亚硝酸过量是否可以？如何检验其是否过量？又如何销毁过量的亚硝酸？

9. 粗甲基橙为什么要在加热溶解后，再加入固体NaCl进行重结晶？

10. 在粗甲基橙进行重结晶时，依次用少量水、乙醇和乙醚洗涤，其目的何在？

11. 甲基橙在酸碱溶液中分别呈何种颜色？说明其变色的原因。

12. 把冷的重氮盐溶液缓慢倒入低温新制备的 CuCl 的盐酸溶液中，将会发生什么反应？写出产物的名称。

13. N,N-二甲基苯胺与重氮盐偶合时，为什么总是在取代氨基的对位发生？

实验25 对碘苯甲酸

一、实验目的

掌握重氮化反应制备卤代芳香族化合物的实验方法。

二、实验原理

$$NH_2\text{—}C_6H_4\text{—}COOH \xrightarrow[\text{(2) KI, } H_2O]{\text{(1) } NaNO_2\text{, } H_2SO_4} I\text{—}C_6H_4\text{—}COOH$$

三、仪器与试剂

1. 实验仪器

磁力搅拌器，三颈烧瓶（150 mL），烧杯（250 mL），温度计，玻璃棒，布氏漏斗，抽滤瓶，量筒。

2. 实验药品

对氨基苯甲酸 2.7 g，$NaNO_2$ 1.5 g，浓硫酸 5 g，KI 3.6 g，乙醇。

3. 实验装置图

实验装置如图 3-13 所示。

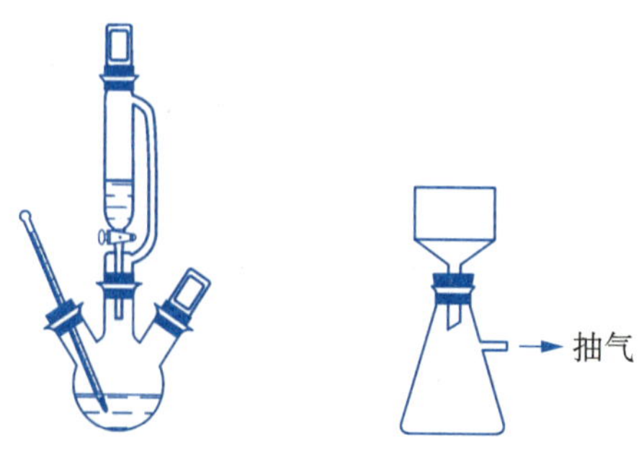

图 3-13 对碘苯甲酸的制备装置图

四、实验步骤

(1) 在 150 mL 三颈烧瓶中加入 2.7 g 的对氨基苯甲酸和 16 mL 的水，搅拌使之溶解。用冰水浴冷却至 5℃以下。

(2) 搅拌下加入 1.5 g 的 $NaNO_2$，用冰水浴冷却至 −5℃以下，滴加 5 g 浓硫酸，搅拌 15 min。

(3) 将上面的重氮盐溶液加入 3.6 g 的 KI 和 12 mL 的水配成的溶液中。加完后加热至红色消失。

(4) 冷却，抽滤，水洗得到粗产品。用无水乙醇重结晶得到对碘苯甲酸，称重，并计算产率。

五、注意事项

(1) 在制备对氨基苯甲酸的重氮盐时，温度不能高于 5℃，否则重氮盐会分解而影响产率。

(2) 将重氮盐加入 KI 和水配成的溶液，加热时一定要加热至红色消失。

六、思考与分析

1. 为什么重氮化必须在低温下进行？温度过高或酸度不够，会出现什么问题？

2. 在重氮盐的制备过程中要避免哪些物质产生？如何检验及除去？

3.8　自身氧化还原反应

实验 26　苯甲酸和苯甲醇

一、实验目的

(1) 学习由苯甲醛制备苯甲酸和苯甲醇的原理和方法。

(2) 加深对坎尼扎罗反应的认识。

二、实验原理

$$2C_6H_5CHO + KOH \longrightarrow C_6H_5CH_2OH + C_6H_5CO_2K$$

$$C_6H_5CO_2K \xrightarrow{H^+} C_6H_5CO_2H$$

三、仪器与试剂

1. 实验仪器

锥形瓶(100 mL),量筒,抽滤瓶,布氏漏斗,直形冷凝管,蒸馏烧瓶,接液管,温度计(0～200℃)。

2. 实验药品

苯甲醛 10 mL(10.5 g, 0.1 mol), KOH 9 g,乙醚 30 mL,饱和 $NaHSO_3$ 3 mL,饱和 Na_2CO_3 5 mL,浓盐酸 6 mL,无水 $MgSO_4$。

3. 实验装置图

实验装置如图 3－14 所示。

图 3－14　苯甲酸和苯甲醇的制备装置图

四、实验步骤

(1) 在 100 mL 锥形瓶中配置 9 g 的 KOH 和 9 mL 的水的溶液,冷却后加入 10 mL 新蒸的苯甲醛,用橡皮塞塞紧,用力振摇,放置 24 h 以上(提前一天准备好)。

(2) 向反应混合液中逐渐加入足够的水(约 30 mL),不断振摇,使其中的苯甲酸盐全部溶解。

(3) 将溶液倒入分液漏斗中,每次用 10 mL 乙醚取 3 次(萃取苯甲醇),合并乙醚层。

(4) 乙醚层分别用3 mL的饱和$NaHSO_3$、5 mL的饱和Na_2CO_3和5 mL的水洗涤，最后用无水$MgSO_4$或无水K_2CO_3干燥。

(5) 干燥后的乙醚溶液蒸掉乙醚，即得苯甲醇粗品。再蒸馏收集204～206℃的馏分，可得苯甲醇。

(6) 对乙醚萃取后的水溶液，用约6 mL的浓盐酸酸化至使刚果红试剂变蓝。充分冷却，使苯甲酸析出完全。

(7) 抽滤，用少量水洗涤，即得苯甲酸粗产品，用水重结晶可得苯甲酸。

五、注意事项

充分振摇是实验成功的关键所在。

六、思考与分析

1. 本实验是根据什么原理来分离纯化苯甲醇和苯甲酸这两种产物的？
2. 醚层用饱和$NaHSO_3$及Na_2CO_3溶液洗涤，洗去什么杂质？
3. 本实验中所用的苯甲醛为何应重蒸馏？

实验27 呋喃甲醇和呋喃甲酸

一、实验目的

(1) 学习呋喃甲醛在浓碱条件下进行坎尼扎罗反应、制备相应醇和酸的原理和方法。

(2) 了解芳香杂环衍生物的性质。

二、实验原理

$$\text{(呋喃环)}-CHO \xrightarrow{NaOH} \text{(呋喃环)}-COONa + \text{(呋喃环)}-CH_2OH$$

$$\text{(呋喃环)}-COONa \xrightarrow{H^+} \text{(呋喃环)}-COOH$$

三、仪器与试剂

1. 实验仪器

烧杯(50 mL),分液漏斗,量筒,抽滤瓶,布氏漏斗,直形冷凝管,蒸馏烧瓶,接液管,温度计(0～200℃)。

2. 实验药品

呋喃甲醛 3.28 mL(3.8 g, 0.04 mol), NaOH 1.6 g,乙醚 30 mL,无水 $MgSO_4$。

3. 实验装置图

实验装置如图 3-15 所示。

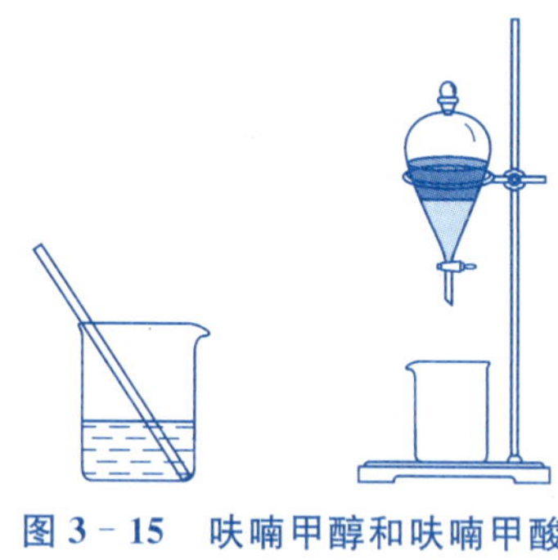

图 3-15 呋喃甲醇和呋喃甲酸的制备装置图

四、实验步骤

(1) 在 50 mL 烧杯中加入 3.28 mL 的呋喃甲醛,并用冰水冷却。另取 1.6 g 的 NaOH 溶于 2.4 mL 的水中,冷却。

(2) 在搅拌下滴加 NaOH 水溶液于呋喃甲醛中,保持反应混合物温度在 8～12℃。加完后,保持此温度继续搅拌 40 min,得到黄色浆状物。

(3) 在搅拌下向反应混合物加入适量水(约 5 mL),使其恰好完全溶解为暗红色溶液。

(4) 将溶液转入分液漏斗中,每次用 10 mL 乙醚萃取 3 次,合并乙醚萃取液。用无水 $MgSO_4$ 干燥。

(5) 过滤掉 $MgSO_4$,蒸掉乙醚,然后加热蒸馏,收集 169～172℃的馏分,制得呋喃甲醇。

(6) 在乙醚提取后的水溶液中慢慢滴加浓盐酸，搅拌，滴至刚果红试剂变蓝。冷却，结晶。

(7) 抽滤，用少量水洗涤，收集粗产物，然后用水重结晶，得到白色针状呋喃甲酸。

五、注意事项

(1) 反应温度若高于12℃，则反应难以控制，会致使反应物变成深红色；若反应温度过低，则反应会过慢，可能积累一些NaOH，一旦发生反应，就会过于猛烈、增加副反应、影响产量及纯度。由于氧化还原是在两相间进行的，因此必须充分搅拌。

(2) 得到的黄色浆状物不宜加水过多，否则会损失一部分产品。

(3) 酸要加够，以保证pH值在3左右，以使呋喃甲酸充分游离出来。这是影响呋喃甲酸收率的关键。

六、思考与分析

1. 为什么溶液经搅拌后呈棕黑色(巧克力色)，会无黄色浆状物出现，应该如何改善？

2. 呋喃甲酸为无色针状结晶体，为什么实验得到的为黄色固体并混有黑色杂质？如何除去这些杂质？

3. 如何提高产率？

4. 本实验是否有副反应发生？

5. 为什么要使用新鲜的呋喃甲醛？长期放置的呋喃甲醛含产生哪些杂质？

6. 酸化为什么是影响产物收率的关键？应该如何保证完成？

3.9　光化学反应

实验28　苯频哪醇和苯频哪酮

一、实验目的

(1) 学习光照反应的基本原理。

(2) 熟悉回流、抽滤等基本操作。

(一) 苯频哪醇

二、实验原理

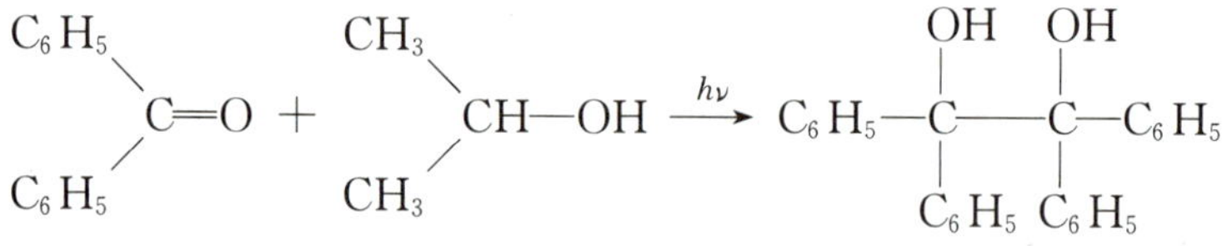

$$(C_6H_5)_2C{=}O + (CH_3)_2CH{-}OH \xrightarrow{h\nu} C_6H_5{-}\underset{C_6H_5}{\overset{OH}{C}}{-}\underset{C_6H_5}{\overset{OH}{C}}{-}C_6H_5$$

还原过程是一个包含自由基中间体的单电子反应：

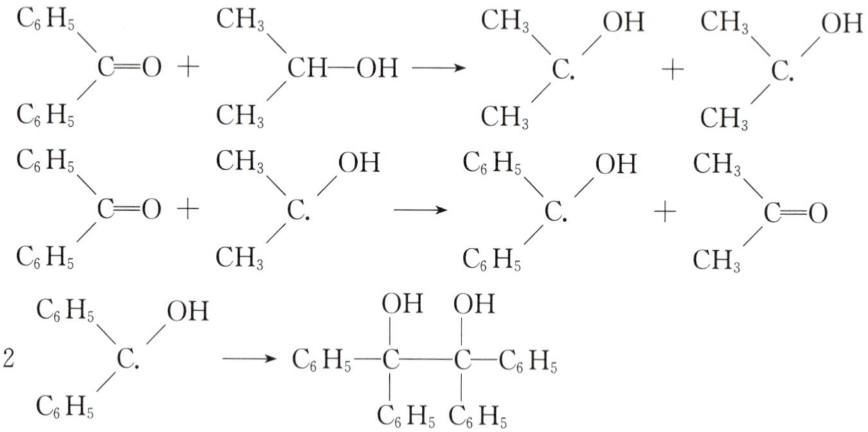

$$(C_6H_5)_2C{=}O + (CH_3)_2CH{-}OH \longrightarrow (CH_3)_2\dot{C}{-}OH + (CH_3)_2\dot{C}{-}OH$$

$$(C_6H_5)_2C{=}O + (CH_3)_2\dot{C}{-}OH \longrightarrow (C_6H_5)_2\dot{C}{-}OH + (CH_3)_2C{=}O$$

$$2\,(C_6H_5)_2\dot{C}{-}OH \longrightarrow C_6H_5{-}\underset{C_6H_5}{\overset{OH}{C}}{-}\underset{C_6H_5}{\overset{OH}{C}}{-}C_6H_5$$

三、仪器与试剂

1. 实验仪器

试管(10 mL)，烧杯。

2. 实验药品

二苯甲酮 1 g(0.005 mol)，异丙醇，冰醋酸。

3. 实验装置图

实验装置如图 3 - 16 所示。

图 3 - 16 苯频哪醇的制备装置图

四、实验步骤

(1) 在试管中加入 1 g 的二苯甲酮和 6 mL 的异丙醇，在水浴中温热，使二苯甲酮溶解。

(2) 向溶液中加入1滴冰醋酸，再用异丙醇将试管充满，用干净的橡皮塞将口塞紧，尽可能排除试管内的空气。

(3) 将试管倒置在烧杯中，放在向阳的窗台上光照1周。

(4) 待反应完成后，在冰浴中冷却使结晶完全。

(5) 抽滤，并用少量工业酒精洗涤结晶，干燥后得到无色结晶。称重，计算产率。

五、注意事项

(1) 加入冰醋酸的目的是为了中和普通玻璃器皿中微量的碱，这是因为在碱催化下苯频哪醇易裂解生成二苯甲酮和二苯甲醇，对反应不利。

(2) 处理苯频哪醇时，用玻璃棒搅拌，使未反应的二苯甲酮溶解在异丙醇中。

(3) 回收滤液异丙醇，用工业酒精洗涤苯频哪醇，红外干燥箱干燥4～5 min。

(二) 苯频哪酮

二′、实验原理

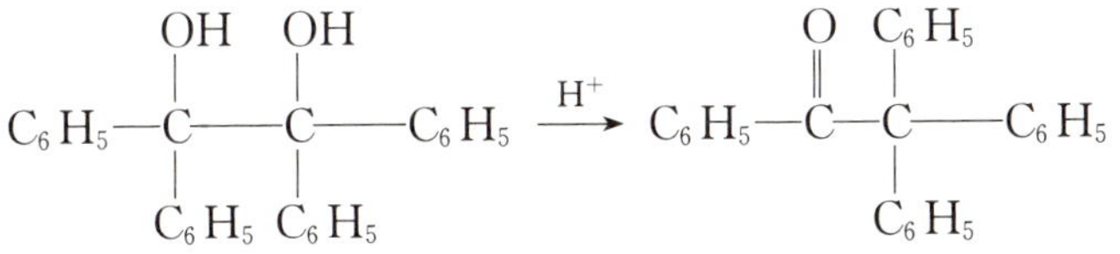

$$C_6H_5-\underset{C_6H_5}{\overset{OH}{C}}-\underset{C_6H_5}{\overset{OH}{C}}-C_6H_5 \xrightarrow{H^+} C_6H_5-\overset{O}{\overset{\|}{C}}-\underset{C_6H_5}{\overset{C_6H_5}{C}}-C_6H_5$$

三′、仪器与试剂

1. 实验仪器

圆底烧瓶(50 mL)，回流冷凝管，电热套。

2. 实验药品

(自制)苯频哪醇0.75 g，冰醋酸，I_2(少量)，95%的乙醇。

3. 实验装置图

实验装置如图3-17所示。

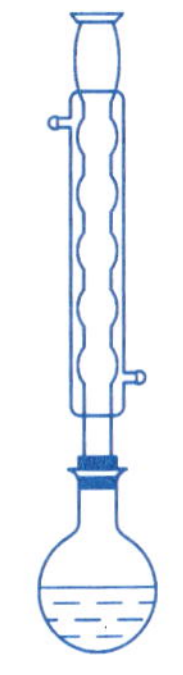

图3-17 苯频哪酮的制备装置图

四′、实验步骤

(1) 在50 mL圆底烧瓶中加入0.75 g的苯频哪醇、4 mL的冰醋酸和一小粒I_2，装上回流冷凝管，用电热套加热回流10 min。

(2) 稍冷,加入 95%的乙醇 4 mL,充分振摇后让其冷却结晶,抽滤,并用少量冷乙醇洗除被吸附的游离 I_2。干燥后称重,计算产率。

五′、思考与分析

1. 在制备苯频哪醇时,为什么要在二苯甲酮和异丙醇的混合液中滴加冰醋酸?

2. 写出碱存在下苯频哪醇分解为二苯甲酮和二苯甲醇的反应机理。

3. 写出苯频哪醇在酸催化下重排为苯片呐酮的反应机理。

4. 在紫外光照射下二苯甲酮和二苯甲醇的混合物能否生成苯频哪醇?写出其反应机理。

3.10 典型的缩合反应

实验 29 苯亚甲基苯乙酮

一、实验目的

(1) 掌握羟醛缩合反应的原理和机理。

(2) 学会苯亚甲基苯乙酮的合成方法。

二、实验原理

苯亚甲基苯乙酮又称查耳酮,有顺(Z)-和反(E)-异构体。(E)-构型为淡黄色棱状晶体,熔点为 58℃,在 345~348℃分解,沸点为 219℃(2.4 kPa)。(Z)-构型为淡黄色晶体,熔点为 45~46℃。合成的混合体熔点为 55~57℃,沸点为 208℃(3.3 kPa),相对密度为 1.071 2。溶于乙醚、氯仿、二硫化碳和苯,微溶于乙醇,不溶于石油醚。吸收紫外光。有刺激性。能发生取代、加成、缩合、氧化、还原反应。苯亚甲基苯乙酮广泛应用于医药和日用化学品等领域。经典的合成方法是在乙醇水溶液中,强碱 NaOH 或 KOH 催化苯甲醛和苯乙酮羟醛缩合后脱水而得到。

$$C_6H_5CHO + CH_3\overset{\overset{O}{\|}}{C}C_6H_5 \xrightarrow{NaOH} \left[C_6H_5\overset{\overset{OH}{|}}{C}HCH_2\overset{\overset{O}{\|}}{C}C_6H_5 \right] \xrightarrow{-H_2O} C_6H_5CH{=}CH\overset{\overset{O}{\|}}{C}C_6H_5$$

三、仪器与试剂

1. 实验仪器

磁力搅拌器,三颈烧瓶,滴液漏斗,布氏漏斗,抽滤瓶。

2. 实验药品

苯甲醛 2.5 mL(0.025 mol),苯乙酮 3.0 mL(0.025 mol),10%的 NaOH 12.5 mL,乙醇 8.0 mL。

3. 实验装置图

实验装置如图 3-18 所示。

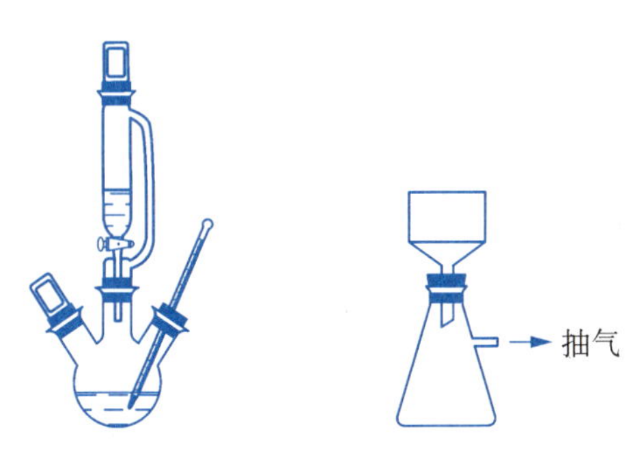

图 3-18 苯亚甲基苯乙酮的制备装置图

四、实验步骤

(1) 在三颈烧瓶中,加入 10%的 NaOH 水溶液 12.5 mL、95%的乙醇 8 mL 和苯乙酮 3 mL,按照图 3-18 安装实验装置。启动磁力搅拌,慢慢滴加 2.5 mL 苯甲醛,维持温度在 20~25℃,必要时用冷水浴冷却。滴加完毕后,继续保持此温度搅拌 30 min。

(2) 向反应液中加入几粒苯亚甲基苯乙酮作为晶种,并在冰水浴中搅拌 1 h 左右。

(3) 待结晶析出完全后,减压过滤,用水充分洗涤,至洗涤液对石蕊试纸呈中性。粗产品可用 95%的乙醇重结晶。若颜色过深,可用活性炭脱色,得到浅黄色片状结晶。

五、注意事项

控制好反应温度。温度过低，产物发黏；温度过高，则副反应多。

六、思考与分析

1. 为什么本实验的主要产物不是苯乙酮的自身缩合或苯甲醛的坎尼扎罗反应?

2. 在本实验中，如何避免副反应的发生?

3. 在本实验中，苯甲醛与苯乙酮加成后为什么不稳定并会立即失水?

实验30 肉 桂 酸

一、实验目的

(1) 了解肉桂酸的制备原理和方法。

(2) 巩固回流、水蒸气蒸馏、重结晶、抽滤等操作。

二、实验原理

$$C_6H_5CHO + (CH_3CO)_2O \xrightarrow[(2)\ H^+]{(1)\ K_2CO_3} C_6H_5CH{=}CHCO_2H + CH_3CO_2H$$

三、仪器与试剂

1. 实验仪器

三颈烧瓶(250 mL)，圆底烧瓶(250 mL，50 mL)，回流冷凝管，电热套，安全管，三通管，小弯管，直形冷凝管，接液管，抽滤瓶，布氏漏斗，烧杯。

2. 实验药品

苯甲醛 2.5 mL(2.65 g，0.025 mol)，醋酸酐 7 mL(7.5 g，0.074 mol)，无水 K_2CO_3 3.5 g，10%的 NaOH，浓盐酸，活性炭。

3. 实验装置图

实验装置如图 3－19 所示。

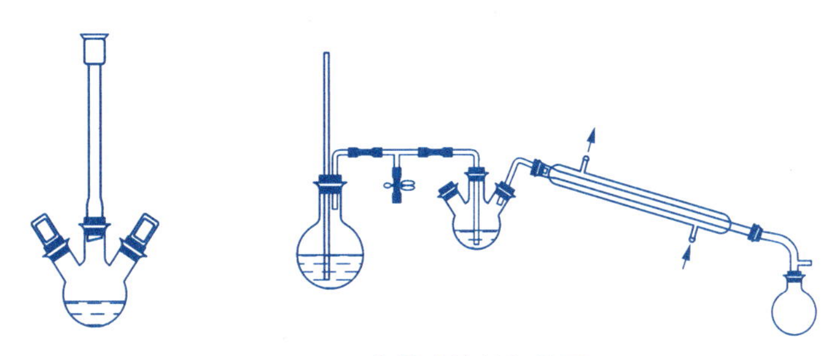

图 3－19　肉桂酸的制备装置图

四、实验步骤

(1) 在 250 mL 干燥的三颈烧瓶中，加入 3.5 g 的无水 K_2CO_3、2.5 mL 的苯甲醛和 7 mL 的醋酸酐，电热套加热回流 45 min。冷凝管可不通冷凝水，刚开始有气泡(CO_2)冒出时，应慢慢加热，否则就会因反应太快而产生大量的烟雾。

(2) 稍冷后加入 20 mL 的水，若固体析出，则需将其捣碎，进行水蒸气蒸馏，直到无油状物蒸出为止。

(3) 将三颈烧瓶稍冷后，加入 10%的 NaOH 水溶液 20 mL，使生成的肉桂酸形成钠盐而溶解(在常温下不会完全溶解，在加热后会全部溶解)。再加入 90 mL的水，所加量视情况而定。若溶液总量不足 200 mL 时应补足，若已有 200 mL时则不加。加热煮沸，稍冷后加入活性炭脱色，趁热抽滤。

(4) 待滤液稍冷后搅拌，小心加入 10 mL 浓盐酸和 10 mL 水的混合物，至刚果红试纸变蓝为止。

(5) 冷却，抽滤，用少量水洗涤产物。产物在空气中晾干，称重，计算产率。

五、注意事项

(1) 冷凝管可不通冷凝水。

(2) 刚开始有气泡(CO_2)冒出时，应慢慢加热，否则就会因反应太快而产生大量的烟雾。

六、思考与分析

1. 简述制备肉桂酸的基本原理。若用苯甲醛和丙酸酐在无水丙酸钾存在下加热，其产物是什么？

2. 在制备肉桂酸时，所需的药品、仪器为什么都要进行预先处理？

3. 若芳醛和具有$(R_2CHCO)_2O$结构的酸酐反应，能否得到α，β-不饱和酸？为什么？

4. 在普尔金反应结束时，用水蒸气蒸馏能够除去何物？接着加入10%的NaOH水溶液起到什么作用？最后加入浓盐酸使反应混合物显酸性又是什么目的？

3.11 皂化反应

实验31 肥皂的制备

一、实验目的

了解肥皂的制备原理和方法。

二、实验原理

皂化反应是碱（通常为强碱）和酯反应而生成醇和羧酸盐的反应，尤指油脂和碱反应。狭义地讲，皂化反应仅限于油脂与NaOH或KOH混合，得到高级脂肪酸的钠/钾盐和甘油的反应。这个反应是制造肥皂流程中的一步，因此得名“皂化反应”。

$$\begin{array}{l} CH_2OCOR_1 \\ | \\ CHOCOR_2 \\ | \\ CH_2OCOR_3 \end{array} \xrightarrow[C_2H_5OH,\triangle]{40\%NaOH} \begin{array}{l} CH_2OH \\ | \\ CHOH \\ | \\ CH_2OH \end{array} + \begin{array}{l} R_1CO_2H \\ R_2CO_2H \\ R_3CO_2H \end{array}$$

三、仪器与试剂

1. 实验仪器

锥形瓶（100 mL），烧杯（100 mL），带橡皮塞的玻璃管，玻璃棒。

2. 实验药品

猪油5 g，95%的乙醇5 mL，40%的NaOH水溶液5 mL，稀硫酸

(1∶5)2 mL,饱和食盐水 20 mL, 10%的 $CaCl_2$ 溶液,植物油,溴的 CCl_4 溶液。

3. 实验装置图

实验装置如图 3-20 所示。

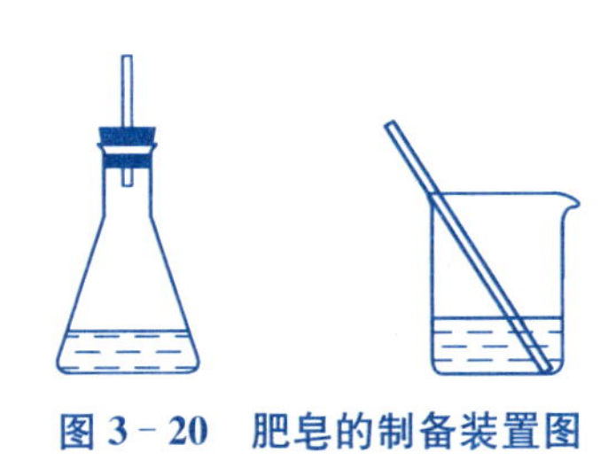

图 3-20 肥皂的制备装置图

四、实验步骤

1. 制备

(1) 在 100 mL 锥形瓶中加入猪油 5 g、95%的乙醇 5 mL 和 40%的 NaOH 水溶液 5 mL,塞上带塞子的玻璃管,在电热套上加热至沸。待反应物呈均相后,继续加热 10 min 左右,并不断振荡。

(2) 将得到的黏稠液体倒入装有 20 mL 饱和食盐水的烧杯中,不断搅拌至肥皂完全析出。

2. 性质实验

(1) 脂肪酸的析出。

取 0.5 g 新制备的肥皂于试管中,加入 4 mL 的蒸馏水,在沸水中加热使之溶解,再加入 2 mL 的稀硫酸,在沸水中加热,观察现象。

(2) 钙离子与肥皂的作用。

取 2 mL 制得的肥皂溶液,加入 2~3 滴 10%的 $CaCl_2$ 溶液,振荡并观察现象。

(3) 肥皂的乳化作用。

取 2 支试管各加入 1~2 滴液体油脂,一支试管中加入 2 mL 水,另一支试管中加入 2 mL 制得的肥皂溶液。振荡后观察两支试管中的现象。

五、注意事项

皂化反应是一个较慢的放热反应。为了加快反应速度,可以在化学反应的过程中注意:

(1) 保持系统的较高温度。

(2) 以物理方式不断搅拌溶液，以增加分子碰撞的数量。

(3) 加入酒精，使混合得更为充分。

六、思考与分析

1. 熟猪油和茶油的不饱和度哪一个更大？如何通过实验确定？

2. 什么是皂化反应？什么是皂化值？

3. 在制备肥皂的过程中，为什么要加入乙醇？

4. 怎样确定皂化反应是否完全？皂化完成后，为什么要把反应混合液倒入食盐水中？

5. 制皂反应的副产物是甘油，如何通过实验检验和分离出甘油？

6. 简述肥皂的去污原理。

3.12 天然产物的提取

实验 32 从茶叶中提取咖啡因

一、实验目的

(1) 学习从茶叶中提取咖啡因的原理和方法。

(2) 学习索氏提取器的作用和使用方法。

(3) 进一步巩固蒸馏浓缩基本操作，学会升华法纯化物质的方法。

二、实验原理

咖啡因(咖啡碱)是嘌呤的衍生物，化学名称是 1,3,7-三甲基-2,6-二氧嘌呤，结构式如下：

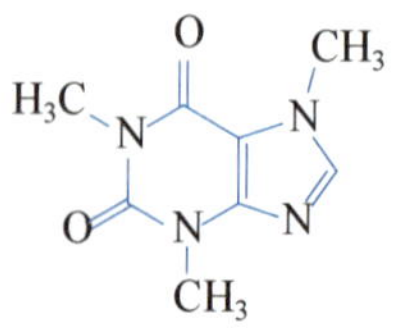

含结晶水的咖啡因为白色针状粉末，味苦，能溶于水、乙醇、丙酮、氯仿等有

机溶剂。在100℃时失去结晶水，开始升华，到了120℃时升华相当显著。无水咖啡因的熔点为238℃。

咖啡因具有刺激心脏、兴奋大脑神经和利尿等作用，因此可用作中枢神经兴奋药。它是复方阿司匹林等药物的组分之一。

茶叶中含有多种生物碱，其中咖啡因的含量为1%～5%，另外还含有11%～12%的丹宁（鞣酸）以及色素、蛋白质等。

三、仪器与试剂

1. 实验仪器

索氏提取器，磨口圆底烧瓶，直形冷凝管，橡皮塞，蒸馏头，接液管，玻璃漏斗，蒸发皿等。

2. 实验药品

茶叶10 g，95%的乙醇75 mL，生石灰4 g。

3. 实验装置图

实验装置如图3-21所示。

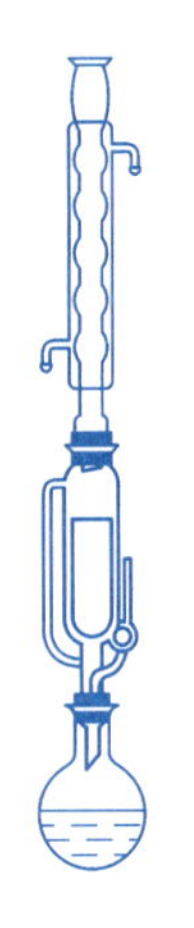

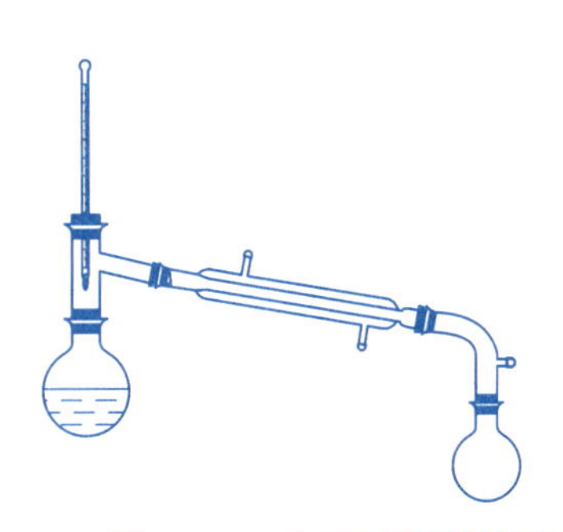

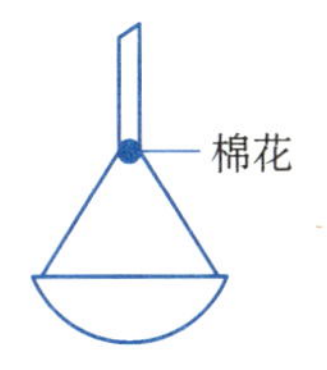

图3-21　咖啡因提取装置图

四、实验步骤

(1) 称取10 g茶叶，放入索氏提取器的滤纸套筒（用定性滤纸自制），放入脂肪提取器中，用75 mL的95%的乙醇加热，连续萃取1 h。

(2) 待刚好发生虹吸后停止加热，待冷却无回流后把装置改为蒸馏装置，蒸出大部分乙醇。

（3）趁热将残余物倾倒入蒸发皿中，拌入3～4 g生石灰，使其成糊状。

（4）将蒸发皿放在铁环上，采用电热套的蒸气浴加热，不断搅拌下蒸干。压碎块状物，小火焙炒，除尽水分。

（5）用滤纸罩在蒸发皿上，并在滤纸上扎一些小孔，再罩上口径合适的玻璃漏斗（小孔应多些，且孔径略大些）。蒸气浴加热升华，当纸上出现白色毛状结晶时，暂停加热，揭开漏斗和滤纸，仔细把附在滤纸下面及蒸发皿周围的咖啡因用小刀刮下，残渣经拌和后，盖上滤纸和漏斗，用较大的火再加热片刻，使升华完全。合并咖啡因。

五、注意事项

（1）在连续萃取时，当索氏提取器内的乙醇提取液颜色很浅、近乎无色时，即可停止提取。

（2）在蒸馏浓缩时，浓缩萃取液时不可蒸得太干，应残留约10 mL的乙醇为宜，以减少转移损失。否则会因残液很黏而难于转移、不易倒出造成损失。

（3）在焙炒除水时，应经常用玻璃棒搅拌，避免提取液干燥后结硬块，不利于下一步升华阶段时残渣内部的咖啡因分子升华。

（4）在升华过程中要控制好温度。若温度太低，升华速度较慢；若温度太高，容易使产物发黄（分解）。

六、思考与分析

1. 本实验为何采用升华法提纯而不采用重结晶法提纯？
2. 索氏提取器的原理是什么？
3. 本实验中加入生石灰起到什么作用？
4. 在使用索氏提取器时，对包装茶叶末有哪些要求？

实验33　从槐米中提取芦丁

一、实验目的

（1）通过槐米中芦丁的提取和精制，了解天然产物简单的提取方法。

（2）巩固趁热过滤及重结晶等基体操作。

二、实验原理

芦丁亦称芸香甙，为维生素P类药物。它有助于保持毛细血管的正常弹性和调节毛细管壁的渗透作用，是在临床上治疗高血压的辅助药物、毛细管性止血药。

芦丁广泛存在于植物中，以槐米和荞麦叶内含量较高，其中槐米中芦丁的含量最高，可达12%～16%。芦丁为淡黄色针状结晶，含3分子结晶水，其熔点为174～178℃。

芦丁是黄酮类植物的一种成分。分子结构中含有酚羟基，呈弱酸性，易溶于碱液中呈黄色，酸化后又析出，所以，可用水煮沸的方法提取芦丁。

三、仪器与试剂

1. 实验仪器

研钵，烧杯，滴液漏斗，布氏漏斗，抽滤瓶。

2. 实验药品

槐米3 g，饱和石灰水溶液，盐酸，活性炭。

3. 实验装置图

实验装置如图3－22所示。

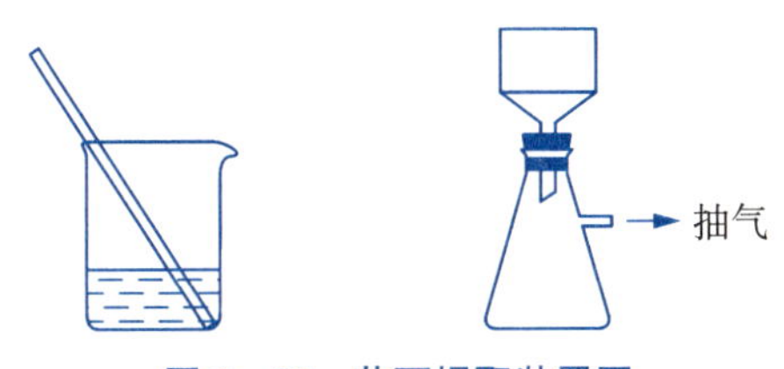

图3－22　芦丁提取装置图

四、实验步骤

（1）称取 3 g 槐米，置于研钵中研成粉状，放入 100 mL 烧杯中。加入 30 mL 的饱和石灰水溶液，搅拌加热，微沸 0.5 h。

（2）抽滤，滤渣再用 30 mL 的饱和石灰水溶液煮沸 0.5 h，合并滤液。

（3）用 15%的盐酸中和，调节 pH 值为 3～4。冷却，使沉淀全部析出，抽滤，水洗，得到芦丁粗产物。

（4）取粗制芦丁加入 30 mL 蒸馏水，煮沸至芦丁全部溶解，经活性炭脱色，趁热抽滤。

（5）冷却结晶，抽滤，得到芦丁精制品。70℃以下干燥，称重，计算产率。

五、注意事项

（1）槐米必须粉碎，以提高提取效率。

（2）加入饱和石灰水溶液，既可以达到碱溶解提取芦丁的目的，又可以除去槐米中大量多糖黏液质。

（3）盐酸中和至 pH 值为 3～4。pH 值过低，会使芦丁成盐而增加水溶性，降低收率。

六、思考与分析

1. 为什么从槐米中提取芦丁时一开始不能加冷水慢慢煮沸，而是要直接加沸水提取？在本实验中如何避免发生副反应？

2. 加入硼砂有什么目的？

3. 为什么要加入石灰水？在芦丁的提取中能够起到什么作用？酸沉淀 pH 值为什么不宜过低？

第4章 有机化合物的鉴别

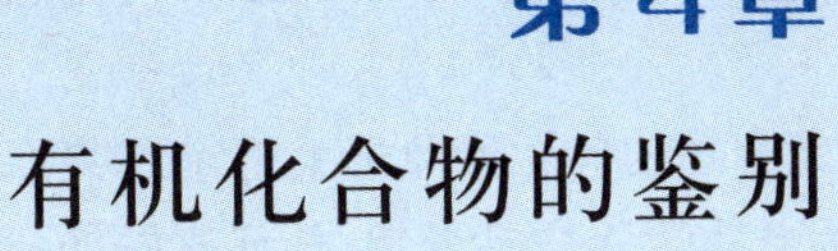

4.1 有机化合物的元素定性分析

实验34 有机化合物的元素定性分析

一、实验目的

(1) 了解学习元素分析的原理和意义。
(2) 掌握常见元素的检验方法。

二、实验原理

通过钠熔法将有机物分解成无机盐，然后用无机离子分析法鉴定。有机定性分析(即未知物的确认和鉴定)是有机化学的一个重要部分，化学工作者必须掌握确认从化学反应或天然产物中得到的有机化合物的适当方法。长期以来，经典的化学分析是鉴定未知物的唯一手段，它是一项艰苦而耗时的工作。近几十年来，由于波谱技术广泛应用于分离和分析，使有机化学传统的实验方法起了根本性的变化，但这并不意味着经典的化学分析已经过时。在实验室，试管中的化学分析仍然是每个化学工作者必须掌握的操作技巧。它具有简单易行、操作方便的特点，并且对鉴定化合物提供重要的信息。

有机化合物中，常见的元素除碳、氢、氧外，还含有氮、硫、卤素等，有时亦含有其他元素(如磷、砷、硅及某些金属元素等)。元素分析的目的在于通过鉴定某一有机化合物是由哪些元素组成的。若有必要，再在此基础上进行元素定量分析或官能团分析。

由于组成有机化合物的各元素原子大都是以共价键相结合，很难在水中离解成相应的离子，为此需要将样品分解，使元素转变成离子，再利用无机定性分析来鉴定。分解样品的方法有很多，最常用的方法是钠熔法，即将有机物与钠混合共熔，结果有机物中的 N, S, X 等转变为 NaCN, Na_2S, NaCNS, NaX 等可溶于水的无机化合物。

有机化合物（含 C, H, O, N, S, X） Na→ { NaCN、Na_2S（钠过量）；NaCNS（钠不足）；NaX；NaOH }

1. 钠熔法

取干燥的 10 mL 试管一支，将其上端用铁丝垂直固定在铁架上。用镊子取出钠，吸干煤油，切出豌豆大小的颗粒放入试管底部，然后加入 1～2 滴液体样品或投入 10 mg 研细的固体样品，用小火慢慢加热试管底部。待钠的蒸气充满试管下半部时，再迅速加入 10～20 mg 样品和蔗糖少许，强热 20～30 min，使试管底部呈暗红色。趁热将试管浸入盛有 10 mL 蒸馏水的小烧杯中，试管当即破裂。煮沸，过滤，滤渣用水洗两次，得到无色或淡黄色澄清的滤液及水洗液共约 20 mL，留作以下鉴定试验使用。

2. 元素的鉴定

元素的鉴定如表 4-1 所示。

表 4-1　元素的鉴定

实验内容	实验步骤	实验现象	反应式及解释	备注
S的鉴定	取2 mL样品，加 10% 的 HOAc 溶液，加热，用 $Pd(OAc)_2$ 试纸置于试管口	试纸变成棕黑色	含 S $Na_2S + 2HOAc \longrightarrow H_2S + 2NaOAc$ $H_2S + Pd(OAc)_2 \longrightarrow PdS + 2HOAc$	

续 表

实验内容	实验步骤	实验现象	反应式及解释	备注
	取2 mL样品,加3滴亚硝酰铁氰化钠	紫红色	含S $Na_2S + Na_2Fe(CN)_5NO \longrightarrow Na_4[Fe(CN)_5NO]$	
N的鉴定	取2 mL样品,加4滴10%的NaOH溶液,加入少量$FeSO_4$固体,加热,过滤,冷却,加入3滴5%的$FeCl_3$溶液,再加入稀硫酸至$Fe(OH)_2$溶解	蓝色沉淀	含N $FeSO_4 + 6NaCN \longrightarrow Na_4[Fe(CN)_6] + Na_2SO_4$ $3Na_4[Fe(CN)_6] + 4FeCl_3 \longrightarrow Fe_4[Fe(CN)_6]_3(\downarrow) + 12NaCl$	
N和S的同时鉴定	取2 mL样品,加15%的盐酸,加3~4滴10%的$FeCl_3$溶液	血红色	有SCN^-存在 $3NaCNS + FeCl_3 \longrightarrow Fe(CNS)_3 + 3NaCl$	若N和S都分别鉴定出来,则不做此项实验
X的鉴定	取2 mL样品,加5%的硝酸,煮沸,加5%的$AgNO_3$溶液	气体,白色或黄色沉淀	含X $S^{2-} + 2H^+ \longrightarrow H_2S(\uparrow)$ $H^+ + CN^- \longrightarrow HCN(\uparrow)$ $Ag^+ + X^- \longrightarrow AgX(\downarrow)$	如不含S和N,则用硝酸酸化即可
Br和I的鉴定	取2 mL样品,加稀硝酸使呈酸性,加热煮沸数分钟,冷却,加1 mL的CCl_4,逐滴加入新制的氯水,边加边摇	若有I,则CCl_4层出现紫红色;若有Br,再加Cl_2时,紫红色渐渐褪去,出现黄色或橙黄色	含Br和I $2H^+ + ClO^- + 2I^- \longrightarrow I_2(CCl_4) + Cl^- + H_2O$ $I_2(CCl_4) + 5IO^- + H_2O \longrightarrow 2IO_3^- + 5Cl^- + 2H_2O$ $2Br^- + ClO^- + 2H^+ \longrightarrow Br_2(CCl_4) + Cl^- + H_2O$ $2I^- + Cl_2 \longrightarrow 2Cl^- + I_2$ $I_2 + 5Cl_2 + 6H_2O \longrightarrow 2IO_3^- + 12H^+ + 10Cl^-$	如不含S和N,则不要加稀硝酸并加热
Cl的鉴定	取3 mL样品,加稀硝酸,加热,使卤离子全部转化为沉淀,加8 mL的2%的氨	白色沉淀	含Cl $AgCl + 2NH_3 \longrightarrow Ag(NH_3)_2^+ + Cl^-$ $AgBr(AgI) + NH_3 \longrightarrow X$(除Br, I)	如不含S和N,则不要加稀硝酸并加热

续 表

实验内容	实验步骤	实验现象	反应式及解释	备注
	水，振摇，加热，弃去不溶物，向滤液中加入稀硝酸，再加入 $AgNO_3$ 溶液		$Ag^+ + Cl^- \longrightarrow AgCl(\downarrow)$	

三、思考与分析

1. 在检验 N，S，X 等元素时，为什么要用钠熔法？

2. 在进行钠熔操作时，应该注意哪些问题？

3. 在切取金属钠时，应该注意哪些问题？

4. 用钠熔法处理固体试样所得的溶液呈什么颜色？有什么原因会引起钠熔不完全？

5. 用醋酸铅试纸测定硫时，为何要在钠溶液中先加 20%的醋酸？

6. 在鉴定氮时，在钠熔液中加 NaOH 溶液并煮沸的目的是什么？

7. 在鉴定氮时，为什么加入 10%的硫酸使 $Fe(OH)_3$ 沉淀恰好溶解为止？

8. 在鉴定氮时，若呈负反应（普鲁氏蓝现象不明显），这可能是什么原因？能否用其他方法鉴定？

9. 在鉴定卤素时，若钠溶液中含氮和硫时，应先加硝酸酸化、煮沸，这是为什么？

10. 在钠溶液中直接滴加 5%的 $AgNO_3$ 溶液有沉淀时，能否断定未知样品中含卤素？怎样通过试验来确证钠溶液中含有溴和碘？

4.2 有机化合物的鉴定

实验 35 未知物的鉴定(醛、酮、醇)

一、实验目的

(1) 加深对醛、酮、醇化学性质的认识。

(2) 掌握鉴别醛、酮的化学方法。

二、实验原理

醛和酮都具有羰基，可与苯肼、2，4－二硝基苯肼、$NaHSO_3$ 等试剂加成，可作为醛和酮的鉴别方法。多伦试验、斐林试验、品红醛试验是醛所独有的鉴别试剂，常用来区别醛和酮。碘仿试验常用以区别甲基酮和一般的酮。

1. 2，4－二硝基苯肼试验

$$\underset{(H)R'}{\overset{R}{\diagdown}}C{=}O + NH_2NH{-}C_6H_3(NO_2)_2 \longrightarrow \underset{(H)R'}{\overset{R}{\diagdown}}C{=}NNH{-}C_6H_3(NO_2)_2$$

取2 mL的2，4－二硝基苯肼试剂于试管中，加入3～4滴样品，振荡，静置片刻。若无沉淀析出，微热半分钟，再振荡，冷后有橙色或橙红色沉淀生成，表明样品是羰基化合物。

2. 碘仿试验

$$R{-}\overset{\overset{O}{\|}}{C}{-}CH_3 + I_2 + NaOH \xrightarrow{\triangle} RCO_2Na + CHI_3$$

往试管中加入1 mL的蒸馏水和3～4滴样品（不溶或难溶的样品，可加入几滴二氧六环），再加入1 mL的10％的NaOH溶液，然后滴加 I_2－KI溶液至溶液呈浅黄色，振荡后析出黄色沉淀，表明为正性反应。若不析出沉淀，可在温水浴微热，若溶液变成无色，继续滴加2～4滴 I_2－KI溶液，观察结果。

3. 多伦试验

$$RCHO + 2[Ag(NH_3)_2]^+OH^- \longrightarrow RCO_2^-NH_4^+ + 2Ag\downarrow + H_2O + 3NH_3$$

在洁净的试管中加入2 mL的5％的 $AgNO_3$ 溶液，振荡下逐滴加入浓氨水，直至沉淀溶解为止，得到澄清透明的溶液。向其中加入2滴样品（不溶或难溶于水的样品，可加入几滴丙酮）。振荡，若无变化，可40℃的水浴中温热数分钟，有银镜生成，则表明是醛类化合物。

4. 铬酸试验

在试管中将1滴液体样品（或10 mg固体样品）溶于1 mL的试剂级丙酮中，加入数滴铬酸试剂，边加边摇，每次1滴，产生绿色沉淀、溶液的橘黄色消失，表明为正性反应。脂肪醛通常在 5 s 内出现混浊，在 30 s 内出现沉淀；芳香醛通常需要 0.5～2 min 才能出现沉淀，有些可能需要更长时间。

5. 品红醛试验

取 1～2 mL 的品红醛试剂于试管中，滴入 3～4 滴样品，放置数分钟观察颜色变化。取此反应液 1 滴于另一试管中，再加入同样样品 4 滴，然后加入 4 滴浓硫酸，摇动，观察现象。

三、仪器与试剂

1. 实验药品

2,4 -二硝基苯肼，品红醛试剂，I_2 - KI 溶液，10%的 NaOH 溶液，浓硫酸，5%的 $AgNO_3$，浓氨水。

2. 实验样品

第一组：A. 1 -丁醇，B. 2 -丁醇，C. 丁醛，D. 丁酮。

第二组：E. 环己醇，F. 环己酮，G. 苯甲醛，H. 苯乙酮。

第三组：I. 戊醛，J. 3 -戊酮，K. 4 -甲基- 2 -戊酮，L. 叔丁醇。

第四组：M. 甲醛(水)，N. 乙醛(水)，O. 乙醇(水)，P. 丙酮(水)。

第五组：Q. 环己烷，R. 环己醇，S. 环己酮，T. 苯甲醛。

第六组：U. 甲醛，V. 乙醛，W. 甲醇，X. 乙醇。

四、实验步骤

学生任选一组样品，先进行方案设计，再通过实验来检验。各组样品鉴别方案如下。

1. 第一组

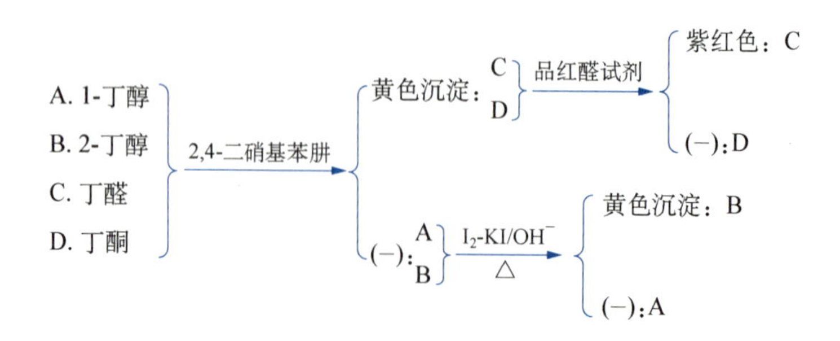

2. 第二组

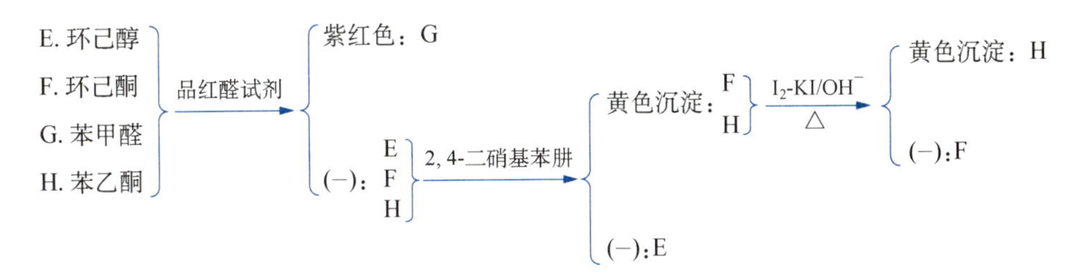

3. 第三组

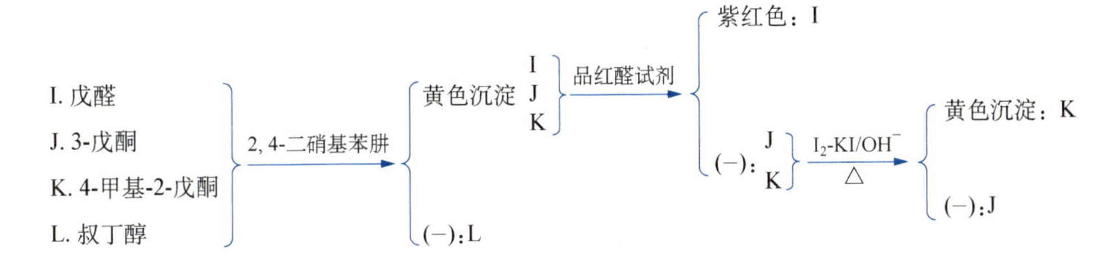

4. 第四组

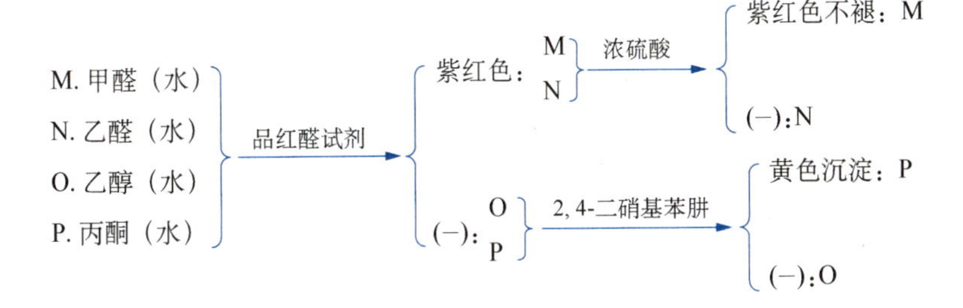

5. 第五组

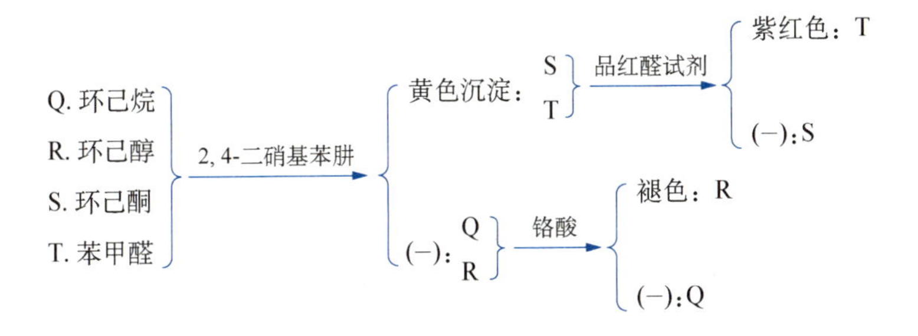

6. 第六组

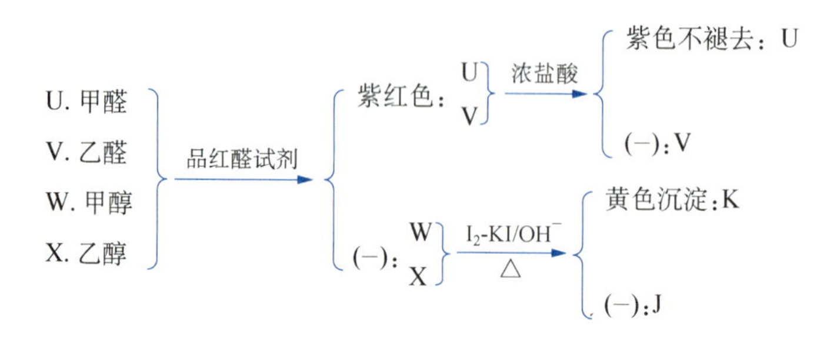

五、思考与分析

1. 有哪些醛酮能与饱和 $NaHSO_3$ 溶液呈阳性反应？其加成产物是什么？在此加成产物中加稀酸或稀碱，会有什么现象发生？此类反应有何实际用途？

2. 能与 2,4 -二硝基苯肼试剂呈阳性反应的是哪些物质？其阳性反应的现象是什么？

3. 在少量丙酮中滴加 2,4 -二硝基苯肼试剂，温热会有什么现象产生？继续往混合物中加入丙酮，又会有什么现象产生？试解释其原因。

4. 在醛酮的卤仿试验中，为什么不选用氯、溴而选用碘？配制碘试剂时，为什么要加 KI？

5. 在市售的丙酮中往往含有少量的乙醛杂质，应如何除去？其依据是什么？

6. 多伦试剂是什么？为什么在市面上买不到配制好的多伦试剂，而要现配现用？多伦试剂应该如何配制？

7. 多伦试剂有何用途？配制多伦试剂时，为什么不能加入过量的氨水？与多伦试剂呈阳性反应是何现象？

8. 多伦试验结束后，剩余的多伦试剂和反应混合液应该如何处理？试管壁所附着的银镜应该如何除去？

9. 当用多伦试剂与醛类反应制备银镜时，应该注意什么？

10. 试述与下列试剂呈阳性反应的物质结构单元：

(1)2,4 -二硝基苯肼试剂；(2)品红醛试剂；(3)多伦试剂。

11. 试述能与下列试剂呈阳性反应的物质：

(1)I_2 - KI/NaOH；(2)$HCrO_4$ 试剂；(3)饱和 $NaHSO_3$ 溶液。

12. 用醛酮性质实验中的方法，以最少的试剂和实验次数区别下列两组化合物：

(1) 第一组：1-戊醇(A)，2-戊醇(B)，2-甲基-2-丁醇(C)，2-戊酮(D)；

(2) 第二组：甲醇(A)，乙醇(B)，甲醛水溶液(C)，乙醛水溶液(D)，丙酮(E)，3-戊酮(F)。

实验36　糖类的鉴定

一、实验目的

(1) 验证和巩固糖类物质的主要化学性质。

(2) 熟悉糖类物质的某些鉴定方法。

二、实验原理

糖类化合物是指多羟基醛或多羟基酮以及它们的缩合物，通常分为单糖(如葡萄糖、果糖)、双糖(如蔗糖、麦芽糖)和多糖(如淀粉、纤维素)。

1. 单糖

单糖是较简单的、不能再水解的多羟基醛或多羟基酮及其衍生物，如葡萄糖、果糖。

CHO
H—OH
HO—H
H—OH
H—OH
CH_2OH

D-葡萄糖

CH_2OH
C=O
HO—H
H—OH
H—OH
CH_2OH

D-果糖

单糖能还原斐林试剂、本·尼迪克(班氏)试剂和多伦试剂，因此，单糖又称还原性糖。D-果糖能在稀碱的作用下，与D-葡萄糖发生互变异构，变成D-葡萄糖。

CHO
H—OH
HO—H
H—OH
H—OH
CH_2OH

D-葡萄糖

⇌

[
CH—OH
‖
C—OH
HO—H
H—OH
H—OH
CH_2OH
]

烯醇式

⇌

CH_2OH
C=O
HO—H
H—OH
H—OH
CH_2OH

D-果糖

D-果糖虽然是酮糖，却有还原性。

2. 双糖

由两分子单糖缩合而成的化合物称为双糖，如麦芽糖、乳糖、纤维二糖和蔗糖。前三者的分子中有一个半缩醛羟基，属于还原糖，能成脎；后者的分子中无半缩醛羟基，属于非还原糖，不能成脎。

（1）蔗糖。蔗糖是通过两个单糖分子的半缩醛羟基脱去一分子水而互相连接的双糖。分子中没有半缩醛羟基，在溶液中不能变成醛式，没有还原性，不能成脎。

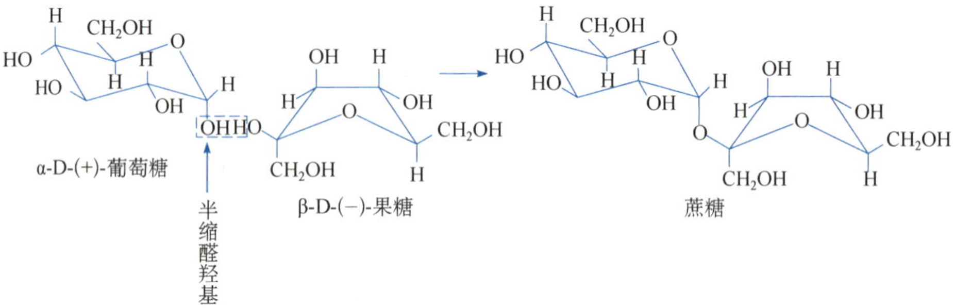

（2）麦芽糖。麦芽糖是通过第一个单糖分子的半缩醛羟基与第二个单糖分子的醇羟基（如 C_4 的羟基）脱去一分子水而互相连接的双糖。由于分子中仍有一个半缩醛羟基，在溶液中可变成醛式，具有还原性，能成脎。

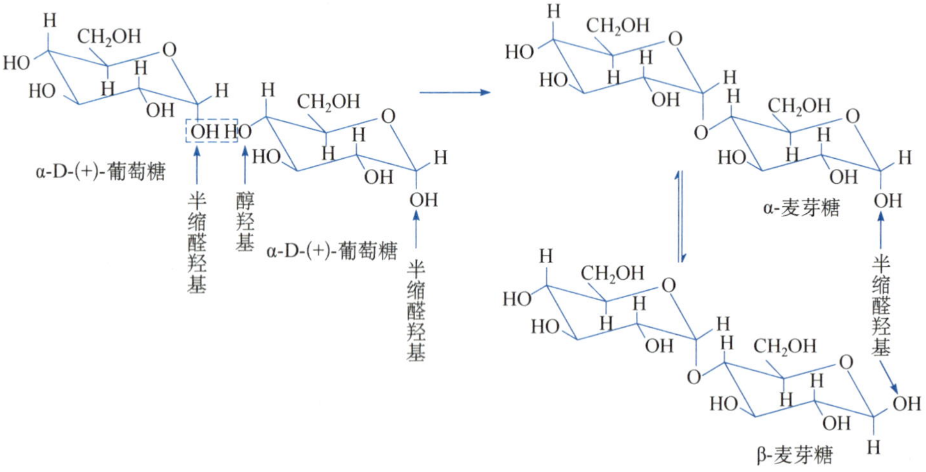

3. 多糖

由许多单糖缩合而成的聚合物称为多糖，如淀粉、纤维素。

淀粉和纤维素都是由很多葡萄糖缩合而成。葡萄糖若以 α-苷键连接，则形成淀粉；若以 β-苷键连接，则形成纤维素。两者均无还原性。淀粉与碘生成蓝色，在酸或淀粉酶作用下水解生成葡萄糖。

三、仪器与试剂

1. 实验仪器

试管，显微镜，烧杯，酒精灯。

2. 实验药品

10%的 α-萘酚的酒精溶液，浓硫酸，$CuSO_4$ 晶体，五结晶水酒石酸钾钠，2%的氨水，柠檬酸钠，Na_2CO_3，5%的 $AgNO_3$，10%的 NaOH，10%的苯肼盐酸盐，15%的醋酸钠溶液，稀硫酸。

四、实验步骤

1. α-萘酚试验(糖醛形成反应试验)

试管中加入 0.5 mL 的 5%的糖水溶液，滴入 2 滴 10%的 α-萘酚的酒精溶液，混合均匀后把试管倾斜 45°，沿管壁缓慢加入 1 mL 的浓硫酸(勿摇动)，硫酸在下层，试液在上层。若两层交接处出现紫色环，表示溶液中含有糖类化合物。

样品：葡萄糖，蔗糖，淀粉(都是阳性反应)。

2. 斐林试验

取斐林Ⅰ和斐林Ⅱ溶液各 0.5 mL，混合均匀，并于水浴中微热后，加入样品 5 滴，振荡，再加热。注意颜色变化，以及是否有砖红色沉淀(Cu_2O)析出。

$$RCHO + 2Cu^{2+} + NaOH + H_2O \xrightarrow{\triangle} RCO_2Na + Cu_2O + 4H^+$$

样品：葡萄糖，果糖，麦芽糖，蔗糖(前三者显阳性反应)。

注意：斐林溶液的配置。因酒石酸钾钠和 $Cu(OH)_2$ 混合后生成的络合物不稳定，故需分别配置，实验时将两种溶液混合：

(1) 斐林Ⅰ：将 3.5 g 的 $CuSO_4 \cdot 5H_2O$ 溶于 100 mL 的水中，即可得到淡蓝色的斐林Ⅰ试剂。

(2) 斐林Ⅱ：将 17 g 的五结晶水酒石酸钾钠溶于 20 mL 的热水中，然后加入 20 mL的含 5 g NaOH 的水溶液，稀释至 100 mL，即可得到无色清亮的斐林Ⅱ试剂。

3. 班氏试验

用班氏试剂代替斐林试剂做以上试验。

样品：葡萄糖，麦芽糖，蔗糖（前两者显阳性反应）。

班氏试剂的配置：取 173 g 的柠檬酸钠和 100 g 的无水 Na_2CO_3 溶于 800 g 的水中。再取 17.3 g 的结晶硫酸铜溶解在 100 mL 的水中，缓慢将此溶液加入上述溶液中，最后用水稀释到 1 L。如果溶液不澄清，可过滤。

4. 多伦试验

在一洁净的试管中加入 4 mL 的 5%的 $AgNO_3$，振荡下逐渐滴加浓氨水。开始时溶液中产生棕色沉淀，继续滴加氨水，直到沉淀恰好溶解为止，得到一澄清透明溶液。氨水不宜多加，否则会影响试验的灵敏度。然后，将此多伦试剂分成 4 等份，作上记号，分别加入 0.5 mL 的 5%的糖溶液，在 50℃水浴中温热，观察有无银镜生成。

$$RCHO + 2Ag(NH_3)_2^+ + 2OH^- \longrightarrow 2Ag + RCO_2NH_4 + 3NH_3 + H_2O$$

样品：葡萄糖，麦芽糖，蔗糖（前两者显阳性反应）。

注意：多伦试剂久置后将形成雷银（AgN_3）沉淀，容易爆炸，故必须临时配用。进行实验时，切忌用灯焰直接加热，以免发生危险。实验完毕后，应加入少许硝酸，立即煮沸洗去银镜。若用 NaOH 碱液配制多伦试剂时，除醛能发生反应外，酮和某些化合物也对多伦试剂显阳性反应（有银镜生成），甚至加碱的多伦试剂进行空白实验加热到一定温度时也出现阳性反应，因而采用不加碱的多伦试剂与各种醛、酮试剂进行银镜反应，结果更为可靠。

5. 成脎反应

在试管中加入 1 mL 试样，再加入 0.5 mL 的 10%的苯肼盐酸盐溶液和 0.5 mL的 15%的醋酸钠溶液，在试管口塞上少许棉花（苯肼有毒！减少苯肼蒸气的逸出）。在沸水中加热并不断振荡，比较产生脎结晶的速度，记录成脎的时间。在低倍显微镜下观察脎的结晶形状，并画出脎的晶形。

$$\begin{array}{c} CHO \\ | \\ H-C-OH \\ | \\ C \end{array} \text{ 或 } \begin{array}{c} CH_2OH \\ | \\ C=O \\ | \\ C \end{array} \xrightarrow{\text{过量苯肼}} \begin{array}{l} H-C=N-NH-C_6H_5 \\ \quad\ \ | \\ \quad\ \ C=N-NH-C_6H_5 \\ \quad\ \ | \\ \quad\ \ C \end{array}$$

（部分结构）　　　　（部分结构）

不同的糖形成糖脎的速度不同。如在加热条件下，D-果糖为 1～2 min，D-葡萄糖为 1～2 min，D-半乳糖为 1～2 min。乳糖和麦芽糖在溶液冷却后析出沉淀。事实上，虽然实验条件不同，反应速度不同，但快慢次序不变。

蔗糖不能与苯肼作用生成脎。但长时间加热蔗糖，可能被试剂中的酸水解生成葡萄糖和果糖，因而也能成脎。

虽然葡萄糖和果糖形成相同的脎，但是由于反应速度不同，析出糖脎的时间也不同，因此，是可以用这一反应加以区别和鉴定。

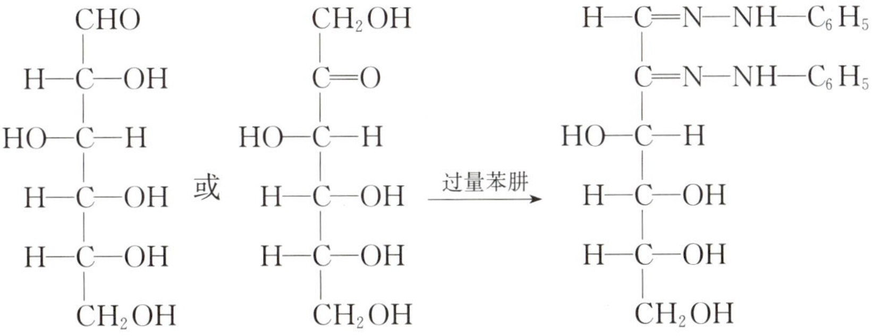

$$
\begin{array}{c}
CHO \\
| \\
H-C-OH \\
| \\
HO-C-H \\
| \\
H-C-OH \\
| \\
H-C-OH \\
| \\
CH_2OH \\
\text{葡萄糖}
\end{array}
\quad \text{或} \quad
\begin{array}{c}
CH_2OH \\
| \\
C=O \\
| \\
HO-C-H \\
| \\
H-C-OH \\
| \\
H-C-OH \\
| \\
CH_2OH \\
\text{果糖}
\end{array}
\xrightarrow{\text{过量苯肼}}
\begin{array}{c}
H-C=N-NH-C_6H_5 \\
| \\
C=N-NH-C_6H_5 \\
| \\
HO-C-H \\
| \\
H-C-OH \\
| \\
H-C-OH \\
| \\
CH_2OH \\
\text{葡萄糖脎（或果糖脎）}
\end{array}
$$

样品：葡萄糖，果糖，蔗糖，麦芽糖，乳糖（除蔗糖外，其余糖都形成糖脎）。

注意：显微镜的使用。将载玻片放于显微镜的载物片上，先调节粗准焦螺旋使镜筒向下移动，直至物镜尽量接近玻璃片，但切勿接触到玻璃片上。注意目镜，将粗准焦螺旋慢慢向上移动，当见到标本时，改用细准焦螺旋调节，直至见到明晰的物像后，记录其图形，并注明放大倍数。

6. 蔗糖的水解

取2支试管编号，然后分别加0.1 mL的蔗糖溶液和1～2 mL的蒸馏水。向1号管中加3～5滴稀硫酸，2号管中加3～5滴蒸馏水混合均匀。将两支试管同时放入沸水浴中加热10～15 min，取出两支试管放在试管架上冷却。1号管用10%的NaOH中和至中性。再向1号、2号管中各加1 mL的班氏试剂摇动均匀。将两支试管同时放入沸水中加热2～3 min，观察1号、2号试管中颜色的变化，说明其原因。

蔗糖是典型的非还原糖，在酸或蔗糖酶的作用下，水解生成等量的葡萄糖和果糖，因此，能与班氏试剂作用，生成砖红色的Cu_2O沉淀。

7. 淀粉水解

在试管中加入3 mL的淀粉溶液，再加入0.5 mL的稀硫酸，放入沸水浴中加热5 min，冷却后用10%的NaOH中和至中性。取2滴与斐林试剂作用，观察发生的现象。

淀粉水解成麦芽糖或葡萄糖后，对斐林试剂（和班氏试剂）显还原性。

五、思考与分析

1. 什么叫还原糖和非还原糖？在葡萄糖、果糖、麦芽糖、乳糖、纤维二糖、淀粉和纤维素等物质中，哪些是还原糖？哪些是非还原糖？

2. 蔗糖属于非还原性糖，但是当蔗糖与班氏试剂长时间共热时也会发生阳性反应。试解释其原因。

3. 为什么多伦试剂可以区别醛和酮，却不能区别葡萄糖（醛糖）和果糖（酮糖）？

4. 斐林试剂、班氏试剂均不能氧化酮类，为什么能氧化酮糖？

5. 糖醛形成反应试剂是什么？哪些物质能与其发生阳性反应？其现象是什么？

6. 胶淀粉水溶液中加碘试剂，会有何现象？此时加热溶液有何现象？接着冷却又有何现象？解释整个变化过程。

7. 通过淀粉水解实验，能够对酶的生物活性有何理解？

8. 如何鉴定酮糖的存在？

9. 具有何种结构的酮糖才会形成糖脎？如何利用糖的成脎反应区别不同的糖？

10. 制备糖脎时应该注意什么问题？

11. 现有甘油、乙醛、葡萄糖和淀粉 4 种水溶液，试用一种试剂加以鉴别。

12. 纤维素与混酸作用生成什么物质？发生何种反应？

13. 试设计鉴别果糖、蔗糖、葡萄糖和麦芽糖的试验方案。

第5章 问题解答

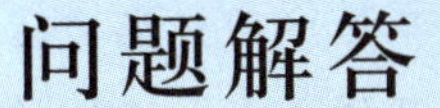

实验1 熔点的测定

1. 在测定熔点时，某学生采取的下列操作是否可行？为什么？

(1) 用水洗熔点管。

答 不能用水洗熔点管。否则管内将混入水和其他杂质，影响装样和测定结果。

(2) 检验熔点管是否密封好，用嘴吹气。

答 不能用嘴吹气，只能用眼睛仔细观察。否则管内将混入水和其他杂质。

(3) 在纸上碾碎固体试样。

答 不能在纸上碾碎固体试样。否则会带入纸毛等杂质。应该将样品置于干净的研钵或表面皿上用玻璃棒碾碎。

(4) 固定测定管的橡皮圈靠近溶液(浓硫酸)液面。

答 不能靠近浓硫酸液面。否则在加热时浓硫酸体积膨胀，液面升高，橡皮圈易黏上浓硫酸而使溶液变黑、影响测定。

(5) 使用提勒管测熔点时，用单孔木塞固定温度计，并塞入管中。

答 不能用单孔木塞固定温度计并塞入管中，应该用开口塞。因为浓硫酸受热时有少量三氧化硫产生，如果在封闭体系中加热，三氧化硫的量积累到一定程度时会冲开塞子，从而使浓硫酸溅出、造成危险。

(6) 加热时，热源对准b形管下侧管的中部。

答 这样操作不利于浓硫酸的对流。热源应对准b形管弯侧管的底部，使管内液体因温差而产生对流，从而保证放置样品管处温度均匀。

(7) 样品管中的样品位于温度计水银球的下部，而温度计的水银球位于b形管的上侧管处。

答 不对。样品管中的样品应位于温度计水银球的中部，温度计的水银球应位于b形管上下两侧支管口连线的中点处。

(8) 熔点测定结束时，立即从浓硫酸中取出温度计，用冷水冲洗。

答 不对。取出的温度计应让其冷却到室温，然后用废纸擦去其表面的浓硫酸，再用水冲洗。否则，热的温度计遇到冷水会因骤冷而破裂。

2. 当你装好样品管后随同温度计插入浴液浓硫酸中，不久出现的下列现象是何缘故？应如何处理？

(1) 发现样品管中的样品已经发黄或溶解。

答 熔点管没有封闭好，发生漏管现象。应将熔点管取出弃去，换上新的熔点管重新测定。

(2) 浴液浓硫酸出现棕色或棕黑色。

答 浴液浓硫酸触及橡皮圈、漏管、或混入其他杂质而产生变色。应倒出一些浓硫酸，并加入少量硝酸钠或硝酸钾固体，加热便会褪去颜色。

3. 有位同学把带有样品管的温度计插入浴液浓硫酸中，发现样品管偏离温度计，能否继续测定熔点？分析原因并予以纠正。

答 如果样品管偏离温度计，就不能继续进行熔点测定。

发生这一现象的原因：①熔点管长度不够或弯曲；②橡皮圈扎在样品管的顶端；③浴液浓硫酸的液面过高，加热后浓硫酸还会膨胀，因浮力过大而使样品管偏离温度计。

纠正方法：①熔点管长度不少于7 cm，而且要直；②橡皮圈应扎在样品管的上中部；③浴液浓硫酸的液面应不超过b形管上侧支线或高出0.5 cm左右。

4. 测定熔点时引起的误差与哪些因素有关？

答 熔点测定的结果是否准确与样品的纯度、样品的多少、样品的细度，以及装填是否紧密、加热速度快慢等因素有关。其中，加热速度是主要因素。

5. 为什么说熔点测试的误差大多数是由于加热太快造成的？

答 这是因为：①浴液与样品之间以及样品内部的热量传递，都需要时间；②观察者同时观察温度计的读数和样品的熔化，也需要时间。如果慢慢加热升温，让热量有足够的时间从熔点管外部传递到熔点管内，观察者又能同时观察温度计的读数和样品的熔化过程，这样测定的结果误差就小。

6. 有位同学为了节约样品，用第一次测熔点时已经熔化、后经冷却又凝固的样品进行第二次熔点测定，请问这样做是否可以？为什么？

答 不可以。因为有些样品在其熔化温度附近会发生部分分解；有些会转变为具有不同熔点的其他晶形，如硬脂酸甘油酯就有3种熔点不同的晶形。另外，样品在管内急速冷却，属于非标准状态下结晶，得到的晶体肯定不整齐。如果用这样的固体试样再测熔点，误差就更大。

7. 测定熔点时，如果样品不纯(含杂质)，其熔点一般会降低，为什么？

答 根据拉乌耳定律，在一定压力和温度下，在溶剂中增加溶质的物质的量，会导致溶剂蒸气分压降低。因此，不纯有机物的熔点一般都比纯有机物的熔点低，使熔程变宽。

8. 某位同学认为，如果测得A和B两种物质的熔点相同，则A和B一定是同一物质。这种说法是否正确？如何证明A和B是否为同一物质？

答 不正确。证明A和B是否为同一物质的方法：先分别准确测定A和B的熔点。如果它们的熔点不同，则A和B不是同一物质(任何纯物质都有一定的熔点)。如果A和B的熔点相近或相同，应将A和B按比例混合均匀，再测其混合物的熔点(至少测定3种比例，即为1∶9，1∶1，9∶1)。若测出的熔点与A(或B)相同或熔程较窄(不超过1℃)，则A和B为同一物质。如果测出的熔点与A(或B)的熔点不同且熔程较宽、熔点较低，则A和B为不同的物质。

9. 测定熔点时，如果没有b形管，是否可以用其他仪器代替？

答 可以用烧杯和搅拌棒代替b形管。最好在搅拌棒的下部烧制一个环形的玻璃搅拌器，便于上下搅动使浴液温度均匀。

10. 测定熔点时，所需的毛细管应该怎样熔封？

答 熔封毛细管时，应使毛细管与火焰中心轴成45°角，将待封管接触火焰的边缘，同时快速转动毛细管或沸点管。

实验2 液态有机物折光率的测定

1. 测定液体化合物的折光率有何意义？

答 折光率是有机化合物最重要的物理常数之一。将实测的折光率与已知纯化合物的折光率进行比较，既能说明化合物的纯度，也可用于鉴定未知化合物，还可用来测定含有已知成分混合物的组成。

2. 简述阿贝折光仪的使用方法。

答 (1) 仪器的安装。将阿贝折光仪置于靠窗的位置,连接好恒温装置,并调节至测定的温度。

(2) 加样。用乙醇或丙酮润湿的擦镜纸轻轻擦洗上下镜面,待溶剂挥发后闭合辅助棱镜,旋紧锁钮,从加液小槽中加入样品。

(3) 对光。调节反光镜使目镜中观察到的视场明亮。转动棱镜调节旋盘,直至镜中观察到彩色光带或黑白临界线。

(4) 消色散。转动消色散调节旋盘,使明暗界线清晰。

(5) 精调。转动棱镜调节旋盘,使界线恰好通过十字线交叉点。

(6) 读数。打开读数望远镜下方的小窗,使光线射入读数。

(7) 清洗。测完折光率后,用擦镜纸轻轻擦去上下镜面上的液体,待棱镜晾干后旋紧锁钮。

注意 一般在测样前应先测蒸馏水的折光率(1.332 99),以进行仪器校正。

3. 使用阿贝折光仪时应注意哪些问题?

答 (1) 阿贝折光仪的量程从1.300 0至1.700 0,精密度为±0.000 1,测量时应注意保温套温度是否正确。如欲测准至±0.000 1,则温度应控制在0.1℃范围内。

(2) 仪器在使用或储藏时均不应曝于日光中,不用时应用黑布罩住。

(3) 必须注意保护折光仪的棱镜,不能在镜面上造成刻痕。滴加液体时,滴管的末端切不可触及棱镜。

(4) 每次滴加样品前应洗净镜面。使用完应用丙酮或95%的乙醇洗净镜面,待晾干后再闭上棱镜。

(5) 对棱镜玻璃、保温套金属及其间的胶合剂有腐蚀或溶解作用的液体,均应避免使用。

(6) 折光仪不能在较高温度下使用。

4. 提及折光率时,为什么必须注明所用波长和测定时的温度?

答 物质的折光率不仅与介质的结构有关,还受温度和波长因素影响。由于介质的密度随温度变化,光在介质中的传播速度也随之改变,同时波长不同的光束在相同介质中的折射也各不相同。因此,在提及折光率时必须注明所用波长和测定时的温度。

5. 为什么说折光率作为液体物质纯度的标准,其数据比沸点更为可靠?

答 由于液体物质的折光率可以直接由折光仪读出,且能精确到小数点后第四位，因而作为液体物质纯度的标准，它比沸点更为可靠。

实验3 常压蒸馏

1. 回答下列常压蒸馏基本知识的问题：

(1) 如何正确组装常压蒸馏装置？

答 按先下后上、先左后右(指水池在右)、稳左动右的原则组装常压蒸馏装置。组装时注意要准确端正、横平竖直。无论从正面或侧面观察，全套仪器装置的轴线均在同一平面上，铁架台整齐地置于仪器的背面。力求做到稳(装置稳而牢固)、妥(装置妥善而无安全隐患)、端(端正美观)、正(正确选用仪器、操作规范)。

(2) 蒸馏装置由哪几部分组成？各部分主要包括哪些仪器？

答 蒸馏装置由加热部分、冷却部分和接收部分组成。

加热部分需要蒸馏烧瓶、温度计及热源；冷凝部分需要冷凝管；接收部分需要接液管、接受器。

(3) 如何选择合适的蒸馏烧瓶？

答 蒸馏烧瓶的大小选择根据被蒸馏液体体积确定，即被蒸馏的液体应占蒸馏烧瓶容量的1/2至2/3。

(4) 蒸馏时应如何选用温度计？温度计在蒸馏烧瓶中的什么位置，才是正确的？

答 一般选用量程比蒸馏液体最高馏分的沸点高出20℃左右的温度计。温度计在蒸馏烧瓶中的正确位置应为：温度计水银球的上沿与蒸馏烧瓶支管的下沿恰好在同一水平线上。

(5) 蒸馏烧瓶和冷凝管分别应选用何种夹子固定？夹子应夹在什么位置？

答 蒸馏烧瓶应选用烧瓶夹固定，夹在蒸馏烧瓶支管上部；冷凝管要选用冷凝管夹固定，夹在冷凝管的重心(斜置时约在中下部)部分。

(6) 蒸馏烧瓶支管及冷凝管下端斜口伸出塞子多少距离合适？为什么？

答 一般伸出塞子1～2 cm较为合适。过短甚至不伸出塞子，蒸气或馏液将腐蚀橡皮塞而污染产品(即馏分)；过长则因蒸气不易导出而影响蒸馏的速度。

(7) 如何选用不同型号的冷凝管？

答 冷凝管常用的有直形冷凝管、球形冷凝管和空气冷凝管。

当被蒸馏液体的沸点低于140℃时，一般选用直形冷凝管；当被蒸馏物的沸点高于140℃时，应选用空气冷凝管；当蒸馏沸点很低的物质时，则用蛇形冷凝管或球形冷凝管，因为它们的冷凝接触面积大，冷凝效果能满足其要求，但应竖直装配。

(8) 塞子应如何选用？

答 总的要求是塞子的大小应与仪器的口径相匹配。具体地说，塞子塞入瓶颈或管颈的部分，不能少于塞子本身高度的1/3，也不能多于2/3。

(9) 常压蒸馏通常有哪些用途？

答 分离提纯液态有机物，除去不挥发物；较好地分离那些沸点相差较大(沸点差大于30℃)而又不会形成恒沸物(或称共沸)的液体混合物；测定纯液体有机物的沸点；定性鉴定液体有机物；估计液态有机物的纯度；回收溶剂或蒸出溶剂以浓缩溶液。

(10) 蒸馏前后“火”与“水”的操作次序如何？

答 蒸馏前，先通水后加热；蒸馏结束，应先停止加热、后停止通水(如果接液管是插入馏液中的，则要先拆除，以免停止加热时产生倒吸现象)。

2. 用常压蒸馏法测沸点时，若温度计位置偏下或偏上，将对测定结果产生什么影响？为什么？

答 若温度计位置偏下，因此处蒸气的温度高于其沸点，故测出的沸点偏高；若温度计位置偏上，此处蒸气的温度低于其沸点，故测出的沸点偏低。

3. 冷凝管中的水如何走向？反过来可以吗？欲把橡皮管接口接在冷凝管的进出口，应如何防止进出口接头被折断？组装蒸馏装置的冷凝管时，其进出水口朝向如何？

答 冷凝管中水的走向应与蒸气(或馏液)的走向相反，即由下往上。反过来不行，因为冷凝管上端水会因充不满而影响冷凝效果。另外，由于上部是低温的冷水，内管是刚进入冷凝管的热蒸气，冷凝管很容易因骤冷而破裂。冷凝管进出口接橡皮管的方法如下：用左手握住进出口接头部位，并用手指顶住接头，腋下夹住冷凝管的其他部分。用水或甘油润滑橡皮管口，用右手将橡皮管慢慢旋入进出口接头上。安装冷凝管时，应注意进水口向下、出水口向上。

4. 当加热一段时间甚至已经有馏出液，才发现冷凝管中未通冷凝水。请问是否能立即通水？为什么？应如何处理？

答 不能立即通水。因为此时冷凝管已被加热释放出的蒸气加热，温度较高，若立即通水，会因骤冷而导致冷凝管破裂。正确的操作是立即停止加热，待冷凝管自然冷却至室温时，再通入冷却水。

5. 蒸馏时加入止暴剂，为什么能够防止暴沸？如果加热许久才发现未加止暴剂，应该怎么处理？请说明理由。如果因故中途中断蒸馏，请问继续蒸馏时还需补加新的止暴剂吗？用过的止暴剂能否再用？

答 为了消除液体在加热过程中的过热现象，保证沸腾的平稳进行，常加入少许素瓷片或一端封口的短毛细管等作为止暴剂。因为这些物质表面疏松多孔，吸附有空气，受热后能产生小气泡。加入这些物质，就相当于在体系中引入气化中心，一旦液体气化产生，小气泡就能围绕气化中心平稳逸出，使液体平稳沸腾，从而防止在蒸馏过程中可能产生的过热或暴沸现象。但当加热许久后才发现未加止暴剂时，应使被加热的液体冷却后再补加止暴剂。切勿在液体沸腾时或在沸点温度附近加入止暴剂，否则会引起猛烈的暴沸，造成意外事故。如果中途因故中断蒸馏，欲继续蒸馏时，应补加新的止暴剂。用过的止暴剂因表面小孔被溶剂充满，所以不能再用，必须经洗净、烘干后方可继续使用。

6. 如果加热过猛，测出来的沸点会不会偏高？为什么？如果加热不足，又会有什么影响？

答 如果加热过猛，会使被测物的蒸气过热，从而使测定的结果偏高；如果加热不足，被测物蒸气由于不能及时到达支管口，会使测定的结果偏低或读数不规则。

7. 蒸馏时应该如何控制加热速度？若维持加热的温度，当一种低沸点组分被蒸完而另一种高沸点组分还未达到沸点时，温度计上的读数为何会下降？

答 蒸馏时，控制温度(即加热速度)以馏分从接液管滴下的速度以1～2滴/秒为标准。太快则说明加热过猛，太慢则说明加热不足。

若维持加热速度，当一种低沸点组分被蒸完而另一种高沸点组分的沸点又未达到时，由于没有蒸气上升加热温度计的水银球，故温度计的读数会下降。

8. 在蒸馏操作中，应该注意哪些问题(从安全和蒸馏效果两个方面考虑)？

答 从安全方面考虑，应注意以下6个问题：

(1) 整个蒸馏装置的所有连接处要紧密，不漏气。

(2) 整个体系不能完全封闭。

(3) 要加止暴剂。

(4) 低沸点易燃物质的蒸馏要用热水浴、油浴、砂浴或可控温的电热套，而不能用明火。

(5) 加热前应通冷却水，中断蒸馏时应先撤走热源后停水。

(6) 对于醚类的蒸馏，必须在蒸馏前检验并除去过氧化物，且不得蒸干。

从蒸馏效果方面考虑，应注意以下5个问题：

(1) 应防止漏气，以免产品损失。

(2) 温度计的位置要安装准确。

(3) 要调节好热源，控制蒸馏速度。

(4) 冷却效果要好。

(5) 分段接收不同的馏分。

实验4 简单分馏

1. 什么叫分馏?

答 通过分馏柱使液体混合物进行反复多次的气化与冷凝（相当于多次蒸馏），从而达到分离不同组分的操作过程叫分馏。它是分离提纯液体有机混合物沸点相差较小组分的一种重要方法。

2. 分馏柱中为什么要加入填充物? 应该如何填充?

答 分馏柱中加入填充物的目的是增加气液相的接触面积，使气液相之间能够进行更有效的热交换，从而提高分馏效果。在填充时应遵循适当紧密而均匀的原则。

3. 什么叫液泛? 应该采取什么措施防止液泛产生?

答 液泛是指液体蒸发速率增加到某一程度时，上升的蒸气可能将下降的液体顶上去，因而破坏液-气平衡、降低分馏效率的现象。防止液泛的方法，是将分馏柱用保温材料裹住和控制好加热速度。

4. 列表比较蒸馏和分馏在原理、装置和操作上的异同点。

答

比较内容＼操作		蒸　　馏	分　　馏
相同点	原理	先使液体气化，再经冷凝装置冷凝为液体	
	装置	热源、蒸馏器、温度计、冷凝管、接受器等	
	操作	需调节加热温度来控制馏出速度，不同温度范围的馏分分别收集	

续 表

比较内容 \ 操作		蒸　馏	分　馏
不同点	原理	只进行一次气化和冷凝，所以分离效率低，只能分离组分沸点相差较大的液体混合物	靠分馏柱实现多次气化与冷凝，所以分离效率高，可用于分离组分沸点相差较小的液体混合物
	装置	无分馏柱	有分馏柱
	操作	比较简单，只需控制馏出速度(1～2 d/s)	较为复杂，要选用合适的分馏柱，要控制馏出速度(1 d/s)，且要防止液泛的产生

5. 为了提高分馏效率，进行分馏时必须注意哪些事项?

答 进行分馏时必须注意以下3点：

(1) 分馏时一定要缓慢进行，要控制好恒定的馏出速度(每滴用时2 s)。

(2) 要保证有相当量的液体自分馏柱流回烧瓶中，即要选择合适的回流比。

(3) 必须尽可能减少分馏柱的热量分散和波动，因此，分馏柱要裹以保温材料(如石棉绳等)，以保证柱身温度与待分馏物的沸点相近。

6. 分馏时若加热太快，分馏效果就会降低，这是为什么?

答 加热太快，则蒸气温度太高，回馏液体减少，气液相之间的热交换就不充分。高沸点组分不能充分冷凝回流而混入馏分中，因而使分馏效率降低、分离效果变差。

实验5 减压蒸馏

1. 具有什么性质的化合物需用减压蒸馏进行提纯?

答 减压蒸馏是分离提纯液态或低熔点固态有机物的一种重要方法。它特别适用于在常压蒸馏未达到沸点，即已受热分解、氧化或聚合的物质的提纯。

2. 减压蒸馏装置包括哪几个部分? 各部分需要使用什么仪器?

答 减压蒸馏装置包括蒸馏、抽气减压以及它们之间的保护和测压装置3个部分。

(1) 蒸馏部分的仪器有克氏蒸馏烧瓶、毛细管、带螺旋夹的橡皮管、温度计、直形冷凝管、多尾接液管、接受器(圆底烧瓶)。

(2) 抽气减压部分的仪器有水泵或油泵。

(3) 保护和测压装置的仪器有安全瓶、冷却阱、压力计、干燥塔。

3. 安全瓶、冷却阱及各干燥塔分别起到什么作用?

答 在蒸馏与抽气减压之间加保护装置,是为了防止挥发的有机溶剂、酸性物质和水气进入油泵,污染油泵用油,腐蚀机件,致使真空度降低。具体来说:

(1) 安全瓶的作用:连接或切断蒸馏与减压部分,防止倒吸。

(2) 冷却阱的作用:冷却未被冷凝的低沸点有机物。

(3) 各干燥塔的作用:$CaCl_2$(或硅胶)塔主要是干燥水气;NaOH 塔主要是去除酸性物质,石蜡片塔主要是去除烃类气体。

4. 简述油泵减压蒸馏的操作方法。

答 开始时:开冷凝水→打开安全瓶活塞→插上油泵电源→慢慢关上安全瓶活塞→调节毛细管进气速度→慢慢升温,加热蒸馏→收集前馏分→温度稳定后旋转多尾接液管,收集第一组分、第二组分……

结束时:停止加热→冷却→慢慢打开安全瓶活塞→切断油泵电源→关冷凝水→拆装置。

5. 用油泵减压蒸馏分离纯化有机物时,应该注意哪些事项?

答 (1) 当被蒸馏物质中含有低沸点物质时,应先进行常压蒸馏,然后用水泵减压蒸去低沸点物质,再用油泵减压蒸馏。

(2) 在克氏蒸馏瓶中装入待蒸馏液体的量,不得超过其容积的 1/2。

(3) 应根据所选择压力下待蒸馏液体的沸点,选用合适的热源、冷凝管,切勿用明火直接加热。

(4) 在需要塞子的地方应用橡皮塞而不能用软木塞以防漏气。

(5) 与真空系统连接的橡皮管都应用耐压橡皮管。

(6) 当需要真空度较高时,整个减压系统中有磨口的地方,都应在磨口接头的上部涂上真空脂以防漏气。

(7) 若需要收集多个馏分而又不中断蒸馏,应用多尾接液管。

(8) 接受器绝对不可用锥形瓶、平底瓶。

(9) 开始时:一定要先减压、后蒸馏;结束时:一定要先停止加热后停止减压。

6. 为什么在减压蒸馏中不能用锥形瓶作为接受器?

答 因为锥形瓶不耐压,减压时容易炸裂。

实验6 水蒸气蒸馏

1. 简述水蒸气蒸馏的一般原理，水蒸气蒸馏的装置包括哪几个部分？

答 当与水不相混溶的物质与水共存时，根据道尔顿定律，在一定温度下总蒸气压应等于各组分气体分压之和，即 $P=P_{水}+P_{A}$（A 为不溶或难溶于水的有机物）。P 随着加热温度的升高而增大，当温度升至 P 与外界大气压 $P_{外}$ 相等时，混合物开始沸腾。这时的温度为该混合物的沸点，此沸点比体系中任何一个组分的沸点都低。

因为纯物质沸腾时，有

$$P_{A}V = n_{A}RT_{A} = P_{外} \tag{1}$$

混合物体系沸腾时

$$PV = (n_{水} + n_{A})RT_{混} = P_{外} \tag{2}$$

综合(1)和(2)式得

$$T_{混} = [n_{A}/(n_{水} + n_{A})]T_{A}$$

又因为

$$n_{A}/(n_{水} + n_{A}) < 1$$

所以

$$T_{混} < T_{A}$$

蒸馏时混合物沸点保持不变，直至该物质随水全部蒸出，温度才会上升到水的沸点。蒸出的水和与水不混溶的物质很容易进行分离，从而达到纯化有机物的目的。

水蒸气蒸馏装置包括水蒸气发生器、蒸馏部分、冷凝部分和接收部分。

2. 水蒸气蒸馏有哪些用途？

答 (1) 可以在一般蒸馏温度的条件下，安全地蒸出那些沸点较高且在其沸点附近温度时不稳定、易分解的有机物。

(2) 从不挥发物质或不需要的树脂状物质中，分离出所需组分。

(3) 从较多的固体反应物中，分离出被吸附的液态有机物或除去少量挥发性物质。

3. 水蒸气蒸馏对被提纯物有何要求?

答 (1) 不溶或难溶于水。

(2) 与水共沸时,长时间与水共存而不产生化学反应。

(3) 在100℃左右时,必须有一定的蒸气压(至少有5～10 mmHg以上)。

4. 在水蒸气蒸馏时,安全管和T形管分别起到什么作用?

答 (1) 安全管的作用:①指示系统是否畅通;②平衡内外压力。

(2) T形管的作用:①便于及时放出因冷凝在导气管积下的水;②连接或切断水蒸气发生器与蒸馏系统。

5. 在水蒸气蒸馏过程中,发生下列情况应该如何处理?

(1) T形管经常充满冷凝水。

答 这可能是水蒸气不足或水蒸气导气管的距离太长。若水蒸气不足时,应提高加热温度;若导气管的距离太长,则应拆下导气管并截去多余部分,尽可能使水蒸气迅速进入蒸馏系统。

(2) 蒸馏瓶中的混合物迟迟不沸腾。

答 可以用小火在烧瓶底部助热(但不能加热至沸腾)。

(3) 蒸馏瓶中因水蒸气冷凝速度太快,致使液体混合物体积迅速增加。

答 提高加热温度,加大水蒸气量;在水蒸气出口至导气管部分,采取保温措施(如裹石棉绳等);在蒸馏部分用小火助热,以尽快提高混合物的温度。

(4) 安全管中的水柱持续上升。

答 安全管中的水柱持续上升,说明系统发生阻塞。此时应立即打开T形管的螺旋夹,使体系与大气相通。移去热源,排除阻塞,然后装好仪器继续蒸馏。

(5) 加热水蒸气的热源中断。

答 应立即打开T形管螺旋夹,使其与大气相通,从而可防止倒吸现象。

(6) 冷凝管里有被蒸馏物的结晶析出或被阻塞。

答 可减慢冷却水流速,以提高冷凝管的温度使结晶熔化。

(7) 接受器部分直冒蒸气。

答 应控制水蒸气发生器的加热温度,加大冷却水的流速,使混合物的蒸气能在冷凝管中全部被冷凝下来。

6. 在水蒸气蒸馏时,馏出液中水的含量总是稍高于理论值,这是为什么?

答 在水蒸气蒸馏过程中,有一部分水蒸气来不及与被蒸馏物充分接触,就离开蒸馏烧瓶而进入冷凝管中;被蒸馏物在水中或多或少会溶解一些。

实验7 重结晶及过滤

1. 简述重结晶提纯固态有机物的基本原理及一般过程。

答 重结晶提纯法是利用固态混合物中各组分在某溶剂中的溶解度不同，使它们相互分离，从而达到提纯的目的。但是，重结晶提纯法只适用于纯化杂质含量在其总重量5%以下的固体混合物。

重结晶的一般过程如下：

(1) 将不纯固体有机物加热溶解在溶剂中，制成饱和或接近饱和的浓溶液。

(2) 若溶液含有色物质，可加适量活性炭煮沸脱色。

(3) 趁热过滤，除去不溶性杂质及活性炭。

(4) 冷却滤液或蒸发溶剂，使结晶慢慢析出。

(5) 减压抽滤，分出晶体。

(6) 洗涤晶体，除去表面吸附的母液。

(7) 干燥晶体(风干或烘干)。

(8) 测定熔点。若发现纯度不合乎要求，应进行二次重结晶。

2. 进行重结晶时，选择溶剂是关键。适宜的溶剂应该符合哪些条件?

答 作为适宜的重结晶溶剂，应符合如下条件：

(1) 不与被提纯物起化学反应。

(2) 对被提纯物应在热时易溶、冷时不溶或难溶。

(3) 对杂质的溶解度非常大(使杂质留在母液中)或非常小(使杂质在热过滤时被除去)。

(4) 对被提纯物能给出较好的晶体。

(5) 容易挥发，干燥时易与晶体分开除去。

(6) 无毒或毒性很小，便于操作。

3. 在试验过程中，往往需要通过试验来选择适宜的重结晶溶剂。请你说说试验的方法。

答 取0.1 g固体样品置于小试管中，用滴管逐滴加入溶剂，并不断振摇，待加入的溶剂约1 mL时，在水浴上加热至沸(使其溶解)，冷却时析出大量晶体，则此溶剂一般认为是合适的。如果样品在冷却或加热时，都能溶于1 mL溶剂中，则说明此溶剂是不合适的。若固态样品不全溶于1 mL沸腾的溶剂中时，则可逐步添加溶剂，每次约为0.5 mL并加热至沸腾，若加入溶剂总量达到3 mL

时，样品在加热时还不溶解，则说明这种溶剂是不合适的。若固态样品能溶于3 mL以内的沸腾溶剂中，则将其冷却，观察有无晶体析出。还可用玻璃棒摩擦试管壁等方法促使晶体析出，若仍然未析出晶体，则这种溶剂也是不合适的；若有晶体析出，则以结晶析出的多少来选择溶剂。按照上述方法逐一试验不同的溶剂，如冷却后有晶体析出，则比较晶体的多少，选择出最佳的重结晶溶剂。

4. 如果几种溶剂都适合作重结晶溶剂时，应该根据哪些条件选择溶剂？

答 在几种溶剂都适合作重结晶溶剂时，则应根据晶体的回收率、操作的难易、溶剂的毒性、易燃性以及价格等方面考虑选择较合适的溶剂。

5. 什么叫混合溶剂？用混合溶剂重结晶时应该如何操作？

答 所谓混合溶剂，就是把对此物质溶解度很大的和溶解度很小的而又能互溶的两种溶剂混合起来，这样可获得新的良好的溶解性能。

用混合溶剂进行重结晶时，一般先用适量溶解度大的溶剂，在加热的条件下使样品溶解。溶液若有颜色，则用活性炭脱色。趁热过滤除去不溶物。将滤液加热至接近沸腾时，慢慢滴加溶解度小的溶剂至刚好出现浑浊不消失时，再小心滴入溶解度大的溶剂，直至溶液刚好变澄清。放置，冷却结晶。

若已知两种溶剂的某一比例适用重结晶被提纯物，则可先配好混合溶剂，按单一溶剂重结晶的方法进行。

6. 重结晶时溶剂用量为什么不能过量太多，也不能太少？正确的用量应该是多少？

答 要使重结晶得到的产品纯且回收率高，溶剂的用量多少相当重要。用量过少，在热过滤时会带来很大麻烦和产品损失；用量太多，则被提纯物残留在母液中的量太多、损失大，甚至根本无结晶析出。因此，必须使用适量的重结晶溶剂，即一般比需要量(按溶解度计算得出)多加20%～100%的溶剂为宜。

7. 加热溶解被提纯物粗品时，为什么加入溶剂的量要比计算量稍少，然后渐渐添加至恰好溶解，最后再多加其量20%左右的溶剂？

答 因为计算量是按纯有机物溶解度计算的，实际上还含有不溶或易溶的杂质在被提纯物中。只有先比计算量少加，再逐渐添加至恰好溶解，才能了解溶解粗品至少需要的溶剂量。最后多加其量20%左右的溶剂，目的是防止趁热过滤时析出结晶、造成损失及过滤时的困难。

8. 使用有机溶剂(低沸点)进行重结晶时，在热溶过程中应该注意什么？

答 应注意以下4点：

(1) 选用小口仪器(如三角烧瓶)。因为瓶口小,溶剂不易挥发,同时便于振摇,促使固体溶解。

(2) 有机溶剂多数是低沸点易燃的,量取溶剂时,应熄灭附近的明火。

(3) 混溶时,在三角烧瓶上必须装上回流冷凝管(需要长时间加热溶解的,也要装上回流冷凝管,以防止溶剂的挥发)。

(4) 根据溶剂沸点的高低,选用热水浴或电热套。切勿用明火直接加热。

9. 用活性炭脱色,其用量是不是越多越好?用量为多少才是合适的?

答 用活性炭脱色时,必须避免用量过多,因为活性炭会沾上一些被提纯物,减少了回收率。加入活性炭的量,应视溶液颜色的深浅而定。一般为干粗固体样品重量的1%～5%,假如一次未完全脱去溶液的颜色,可再加活性炭进行二次脱色。

10. 用活性炭脱色时,为什么要待固体物质完全溶解后方可加入?为什么不能向正在沸腾的溶液中加入活性炭?

答 用活性炭脱色,要待固体样品完全溶解后才能加入。这是因为:

(1) 只有固体样品完全溶解后,才看得出溶液是否有颜色以及颜色的深浅,从而决定是否需要加入活性炭或应加多少活性炭。

(2) 固体样品未完全溶解就加活性炭,会使固体样品溶解不完全(活性炭会吸附部分溶剂),同时活性炭沾的被提纯物的量也增多。

(3) 由于黑色活性炭的加入,使溶液变黑,这样就无法观察固体样品是否完全溶解。

上述3个方面的原因均会导致纯产品回收率的降低。

11. 要使重结晶得到的产品回收率高,热过滤是个重要的操作。请问在趁热过滤前,应该做好哪几个方面的准备(从安全、顺利地过滤等方面考虑)?应该如何进行热过滤?

答 在进行热过滤前应做好如下3个方面的准备:

(1) 选择颈短且粗的玻璃漏斗(以避免晶体在玻璃漏斗颈部析出而造成阻塞)。同时,玻璃漏斗应在低温烘箱或电热套中预热。

(2) 折叠好菊花形滤纸(此种滤纸面积较大,可以加速过滤,减少在过滤时析出晶体的机会)。折菊花形滤纸时,应注意滤纸的圆心处切勿重压,否则因折纹集中,过滤时易破裂。同时,应将折叠好的菊花形滤纸翻转并整理好,这样可以避免被弄脏的一面接触滤液。使用时应注意将菊花形滤纸向外凸出的棱边紧贴在漏斗壁上,过滤即将开始时,先用少量热溶剂润湿,以免干滤纸吸附溶剂而导致晶体析出。

(3) 在过滤低沸点易燃的有机溶剂所形成的溶液时，必须熄灭邻近的明火。保温漏斗中的热水要在别处准备好，切勿边加热边过滤，以免造成事故。

上述准备工作做好后，先将保温漏斗放在铁圈中(已加入热水)，然后将玻璃漏斗放入保温漏斗内，把菊花形滤纸放在玻璃漏斗中并整理好，用少量热溶剂润湿滤纸，趁热将溶液分批倒进玻璃漏斗中过滤(每倒一次所剩部分仍放在电热套中保温)。若滤纸上有少量晶体析出，可用少量热溶剂洗下；若析出的晶体较多时，必须刮回原瓶，加少量溶剂重新热溶后再过滤，并加上盖子放置，自然冷却结晶。

12. 重结晶时析出的晶体过大或过小，有什么不好？怎样才能得到均匀的小晶体？

答 重结晶时，若将滤液在冷水中快速冷却或在冷却时剧烈搅动滤液，则会形成颗粒很细的晶体。这种细晶体虽然包含的杂质较少，但由于表面积较大，吸附在其表面的杂质总量还是比较多的。同时，由于晶体太细造成抽滤的困难。但也不要形成过大的晶体。晶体颗粒过大，晶体中会夹杂母液，造成干燥困难。正确的处理是将滤液静置自然冷却结晶。当看到有大晶体在形成时，适当摇动使之变成较小的均匀的晶体。

13. 重结晶时有时滤液中析不出晶体，这是什么原因？可采取什么方法能够使晶体析出？

答 滤液中析不出晶体的原因：①滤液中有胶状物质存在；②形成了过饱和溶液；③滤液还未达到饱和。

实验中常采取下列 3 种方法促使晶体析出：

(1) 用玻璃棒摩擦器壁以形成粗糙面，使溶质分子呈定向排列而形成晶体。

(2) 投入少量晶种(同一种物质的晶体；若无此晶体，可将玻璃棒沾一些溶液，溶剂挥发后即会析出晶体)供给定型晶核，使晶体形成。

(3) 用冰水或其他冷冻剂进行冷却，也能使晶体形成。

此外，如果被提纯物呈油状析出时，可将析出油状物的溶液加热重新溶解，然后慢慢冷却。一旦油状物析出时，便剧烈搅拌使油状物分散。也可在搅拌至油状物消失的状况下固化。

若溶液未达到饱和，则应加热蒸发除去多余的溶剂后，晶体便会析出。

14. 抽滤装置包括哪几个部分？抽滤时应该注意哪些事项？

答 抽滤装置包括布氏漏斗、抽滤瓶及水泵 3 个部分。其装配方法如下：将布氏漏斗装进橡皮塞,然后塞在抽滤瓶上。但应注意必须紧密不漏气,漏斗的下段斜口要正对抽滤瓶的支管,瓶的支管用厚的橡皮管与水泵(或机械泵)支管相接。

抽滤时应注意以下3点:

(1) 滤纸不应大于布氏漏斗的底面,也不能太小,应以盖住底面小孔为宜。

(2) 在抽滤前必须用同一溶剂将滤纸湿润,使滤纸紧贴于布氏漏斗的底面,然后打开水泵或机械泵将滤纸吸紧,避免晶体在抽滤时从滤纸边缘吸入抽滤瓶中。

(3) 停止抽滤时,先将抽滤瓶与水泵间连接的橡皮管拆开,或将机械泵抽滤装置中安全瓶上的活塞打开,与大气相通(防止水倒流入抽滤瓶内)。最后关闭水泵(或关掉机械泵)。

15. 在抽滤过程中,应该如何对滤饼进行洗涤?

答 为了除去晶体表面的母液,应用溶剂洗涤晶体。在洗涤滤饼前,将连接抽滤瓶的橡皮管拆开,关闭水泵。把少量溶剂均匀地洒在滤饼上,使全部晶体刚好被溶剂盖住为宜。用刮刀或玻璃棒小心搅动(切勿接触滤纸),使所有的晶体湿润,重新装好抽滤装置抽滤。为了抽尽母液,可用洁净的玻塞或小烧杯底用力挤压。在洗涤过程中,应坚持少量(溶剂)多次(洗涤)的原则。

16. 经过一次重结晶得到的晶体,应该如何检验其纯度?是否需要进行再次重结晶?

答 可通过测定熔点的方法检验。若符合质量要求,则不需要再次重结晶。否则,就需再次重结晶到符合质量要求为止。

17. 有一固体有机物极易溶于热的乙醇中,但难溶于冷的乙醇中,这种固体有机物应该怎样重结晶?

答 首先应明确:乙醇是一种低沸点易燃的有机溶剂,所以在重结晶过程中要注意防火。该固体有机物重结晶的方法如下:

(1) 将待提纯的固体有机物加到合适的三角烧瓶或圆底烧瓶中。

(2) 加入比需要量略少的乙醇,装上回流冷凝管。

(3) 用电热套(或热水浴)加热使固体溶解。如未溶完,可从冷凝管顶端逐滴加入乙醇至恰好溶解。再多加20%左右(加入量)乙醇。若溶液带颜色,应加活性炭脱色。

(4) 用保温漏斗趁热过滤(严禁边加热、边过滤)。

(5) 放置,自然冷却结晶。

(6) 抽滤、洗涤、干燥产品,称重。

(7) 测定熔点。

实验8 萃取及分离

1. 简述萃取的一般原理。

答 萃取是利用物质在两种不互溶(或微溶)溶剂中的溶解度或分配比不同,来达到分离、提纯或纯化目的的一种操作。

2. 如何选择萃取剂?

答 根据分配定律,用萃取剂从水相中萃取有机物,选择作为萃取剂的有机溶剂时,既要考虑对被萃取物质溶解度大,又要顾及萃取后易于与该物质分离。因此,所选溶剂的沸点最好低一点。一般水溶性较小(极性较小)的物质可用石油醚萃取,水溶性较大(极性较大)的物质可用乙醚萃取,水溶性更大(极性更大)的物质可用乙酸乙酯萃取。

另一类是利用萃取剂能与被萃取有机物起化学反应而达到分离的目的。常用的这类萃取剂有5%的NaOH、5%的Na_2CO_3或$NaHCO_3$水溶液、稀盐酸和浓硫酸等。碱性萃取剂可以从有机相中萃取出有机酸,或除去溶于有机相的酸性杂质;酸性萃取剂则可以从有机相中萃取出有机碱,或除去溶于有机相的碱性杂质;浓硫酸则可以从饱和烃、卤代烃中除去不饱和烃、醇或醚等。

3. 为了提高萃取效率,用同量的溶剂一次萃取好,还是多次萃取好?

答 根据分配定律,要节省溶剂又提高萃取效率,用同量的溶剂一次萃取不如多次萃取效果好。因为多次萃取后,溶液中所剩下的溶质

$$W_n = W_0\left(\frac{KV}{KV+S}\right)^n$$

由于上式中$KV/(KV+S)$恒小于1,因此,n越大,W_n就越小,即:同量溶剂分多次萃取,比一次萃取效果好。但n太大时,则每次所用萃取剂的量S对萃取效率的影响几乎抵销,萃取率增加甚微。通常只萃取3~5次就可以。由于有机溶剂或多或少溶于水,因此,第一次萃取时使用的溶剂量常较以后几次多一些。

4. 萃取和洗涤有何区别和联系?

答 萃取是有机实验中用来提取或纯化有机物的常用操作之一。从混合物中提取所需要的物质,通常称为萃取(或抽提);而从混合物中除去杂质,通常称为洗涤。无论萃取或者洗涤,它们在原理上相同,只是目的不同。萃取操作通常需要比较剧烈的振荡,而洗涤只需要振荡几下就可以。

5. 在有机化学实验中，分液漏斗是常规仪器。它有哪些用途？

答 分液漏斗主要用于：

(1) 分离两种分层但不起化学反应的液体。

(2) 从溶液中萃取某种成分。

(3) 用水或酸或碱洗涤某种产品。

(4) 还可以代替滴液漏斗滴加液态物料。

6. 简述分液漏斗的使用方法。

答 使用分液漏斗前应注意以下两点：

(1) 检查分液漏斗的玻塞和活塞有没有用橡皮筋绑好。

(2) 检查玻塞和活塞是否配套、紧密，是否涂上凡士林。

在活塞表面涂凡士林的方法如下：取下活塞，用纸或干布擦净活塞及活塞孔道，用手蘸取少许凡士林，先在活塞近把手的一端，抹上一薄层凡士林(注意不要抹在活塞孔中)，再在活塞孔道两边，也抹上一圈薄薄的凡士林。套上活塞，逆时针旋转直至透明为止。注意玻塞不能涂凡士林。

使用分液漏斗时应注意以下5点：

(1) 不能把活塞上附有凡士林、橡皮筋的分液漏斗放进烘箱内烘烤。

(2) 不能用手拿分液漏斗的下端。

(3) 不能用手拿住分液漏斗进行分离液体。

(4) 玻塞开启后，才能旋开活塞。

(5) 上层液体只能从分液漏斗上口倒出。

分液漏斗使用后应注意以下两点：

(1) 应用水冲洗干净。

(2) 玻塞和活塞要用薄纸包好或垫上小纸条塞回去，以防黏住(特别是用过碱后)。

7. 滴液漏斗和分液漏斗在应用上有何异同？

答 滴液漏斗形状与分液漏斗相似(有球形、梨形、筒形)，但主要用来滴加物料。用滴液漏斗加料，易于控制滴加速度，也便于观察，而用分液漏斗加料时就不具备此优点。分液漏斗可以用来萃取和洗涤产品，而用滴液漏斗就不好操作。滴液漏斗在使用时应注意的事项与分液漏斗相同。

8. 萃取时分液漏斗应该如何操作？

答 萃取时分液漏斗的具体操作如下：

(1) 先将分液漏斗置于铁架台的铁圈中，关闭活塞，向分液漏斗中加入液体，然后盖紧玻塞。

（2）取下分液漏斗振摇，使两层液体充分接触，并在振摇过程中不时放气，以平衡内外压力。振摇时，右手握住漏斗上口径部，并用食指和中指夹住或掌心顶住玻塞，以防玻塞松脱。左手托住分液漏斗，大拇指、食指按住处于上方的活塞把手，漏斗颈向上倾斜 30～40°。两手振摇几分钟后，把漏斗颈朝上，旋开活塞放气，使内外气压平衡。当漏斗内有低沸点的有机溶剂时，或用碱洗涤酸性物质时，更不允许忽视放气。

（3）关闭活塞，再振摇，如此反复操作多次。

（4）振摇一段时间后，将分液漏斗放回铁圈中静置。

（5）待两层液体界面清晰时，开启玻塞，并把分液漏斗下端靠贴在接受器壁上，缓缓旋开活塞放出下层液体（放液应先快后慢，当界面临近活塞时，关闭活塞，稍加振摇，使黏附在漏斗壁上的液体下沉。静置片刻，下层液体会增多，再将下层液体慢慢放掉）。当最后一点液体刚通过活塞孔时，关闭活塞。

（6）待颈部液体放完后，将上层液体从上口倒入另一容器内。

注意 无论是萃取或是洗涤，上、下层液体都要保留至实验结束。否则，一旦出现操作失误，就无法补救。

9. 萃取时常会出现乳化现象，这是怎么产生的？用什么方法可以破坏乳化液？

答 产生乳化的原因如下：

（1）当溶液呈碱性时。

（2）存在少量轻质沉淀。

（3）溶剂间部分溶解。

（4）两液相的相对密度相差太小。

破坏乳化的方法如下：

（1）较长时间的静置。

（2）若溶液呈碱性，可加少量稀酸。

（3）加少量的电解质（如食盐），利用盐析原理破坏乳化。

（4）有时可加少量乙醇或其他第三种溶剂以增大水相的比重。

此外，还可以改变操作方法：用右手按住分液漏斗上端的玻塞，左手挡住下端的活塞，平放漏斗，作前后振摇数次。然后，斜置漏斗使下端朝上，放开活塞，放气，静置一段时间后使其分层。

10. 有哪些影响萃取效率的因素?

答 影响萃取效率的因素如下:①萃取剂的选择与用量;②萃取次数的多少;③振摇是否充分;④分离是否彻底。

11. 有一组同学用乙醚萃取水中的醋酸(V_{H_2O} : V_{HOAC}=19 : 1),结果如表 2-3 所示。回答下列问题:

(1) 通过计算完成表 2-3。

答 计算结果如下表所示。

各组分量 / 萃取方法	乙醚总量(mL)	混合物总量(mL)	滴定水层消耗 0.2 mol/L 的 NaOH (mL)	混合物中 HOAc 总量(g)	残留在水层中		残留在乙醚层中	
					HOAc 质量(g)	百分率(%)	HOAc 质量(g)	百分率(%)
1 次萃取	30	10	18.4	0.524 6	0.220 8	42.1	0.303 8	57.9
3 次连续萃取	30	10	14.3	0.524 6	0.171 6	32.7	0.353 0	67.3

(2) 由计算结果可以得出什么结论?

答 从计算结果可见,用同量的萃取剂,分多次萃取要比一次效果好。

(3) 欲将萃取后的乙醚-醋酸分离,可以采取什么方法?

(醋酸的比重为 1.049 2;醋酸的沸点为 118.0℃;乙醚的沸点为 34.6℃。)

答 由于乙醚的沸点与醋酸的沸点相差较大,故可通过常压蒸馏使它们分离。蒸出乙醚后,蒸馏烧瓶中剩下的就是醋酸。

但应注意的是:①乙醚是低沸点易燃物,所用热源应该是热水浴或低温电热套;②应该用带支的接液管或带支的接受器,支管口接橡皮管通入水槽或室外;③接受器应置于冰水浴中冷却;④蒸馏时,应熄灭邻近的明火。

实验 9 薄层色谱

1. 简述色谱法分离的基本原理。

答 色谱法是利用混合物各组分在固定相和流动相中分配平衡常数的差异。简单地说,当流动相流经固定相时,由于固定相对各组分的吸附或溶解性能不同,使吸附力较弱或溶解度较小的组分在固定相移动速度较快,在多次反复平衡过程中,导致各组分在固定相中形成分离的“色带”,从而得到分离。

2. 色谱法通常分为哪几种?

答 根据组分在固定相中的作用原理不同，可分为吸附色谱、分配色谱、离子交换色谱、排阻色谱等。

根据操作条件的不同，又可分为柱色谱、纸色谱、薄层色谱、气相色谱和高效液相色谱等。

3. 色谱法与经典的分离纯化有机物方法进行比较，发现其有哪些优点?

答 经典的分离纯化有机物的方法有重结晶、升华、萃取、分馏、蒸馏(包括常压蒸馏、减压蒸馏、水蒸气蒸馏)，这些方法在分离纯化有机物时存在以下缺点：

(1) 要求被分离的混合物具有一定的数量。

(2) 当混合物在溶剂中有一定溶解度时损失较大。

(3) 当混合物沸点非常相近时，难以达到预期分离纯化的目的。

色谱法不仅可用于混合物的有效分离，还可以用于鉴定产物的纯度、跟踪反应，以及对产物进行定性和定量分析。

4. 薄层色谱中有哪些常用的吸附剂? 硅胶 H、硅胶 G、硅胶 HF_{254}、硅胶 GF_{254} 分别代表什么含义?

答 薄层色谱中最常用的吸附剂有氧化铝和硅胶。

硅胶种类中的 H 不含黏合剂，G 含煅烧石膏作黏合剂。

HF_{254} 含荧光物质($\lambda=254$ nm)(可在 $\lambda=254$ nm 紫外光下观察荧光)；

GF_{254} 含煅烧石膏和荧光物质($\lambda=254$ nm)。

5. 在实验室中，薄层色谱主要有哪些用途?

答 (1) 作为柱色谱的先导。

(2) 监控反应进程。

(3) 监控其他分离纯化过程。

(4) 确定混合物中的组分数目。

(5) 确定两个或多个样品是否为同一物质。

(6) 根据薄层板上各组分斑点的相对浓度，可粗略地判断各组分的相对含量。

(7) 迅速分离出少量纯净样品，特别适用于挥发性较小或在较高温度易发生变化而不能用气相色谱分析的物质。

6. 用图示的方法说明薄层色谱是如何监控反应的?

答 若 A，B 为原料(其中 A 过量)，C 为反应液，如下图所示：

(1) 说明反应还未开始(C 除原料 A，B 斑点外，没有新斑点)。

(2) 说明反应正在进行(C除原料A，B斑点外，有新斑点出现)。

(3) 说明反应已经结束(C除原料A斑点和新斑点外，已经没有原料B斑点)。

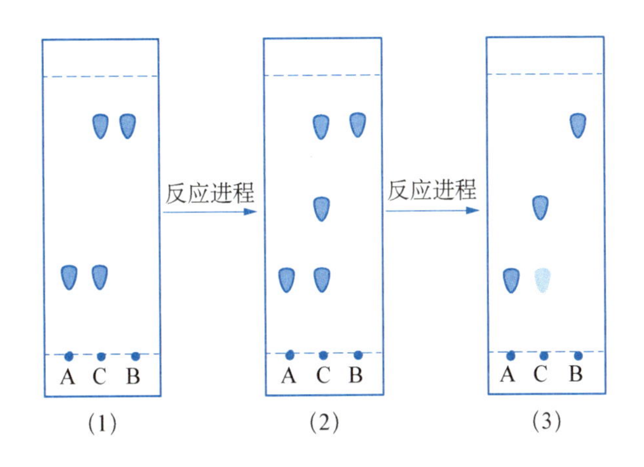

(1) (2) (3)

7. 在一定的操作条件下，为什么可以利用 R_f 值来鉴定化合物？

答 R_f 值随被分离化合物的结构、固定相与流动相的性质、温度等因素而改变。当实验条件固定时，任何一种特定化合物的 R_f 值是一个常数，因而可作为定性分析的依据。由于影响 R_f 值的因素很多，实验数据往往与文献记载不完全相同，因此，鉴定时常常需要用标准样品作为对照。

8. 在混合物薄层中如何判定各组分在薄层上的位置？

答 常用于薄层的固定相是硅胶和 Al_2O_3，它们都是极性物质，因此，对极性物质吸附力更强。在展开缸中，吸附力越强的物质被展开剂解吸附就越难；而吸附力弱的物质，则很容易被解吸附。所以，在混合物薄层中，极性物质的斑点在薄层板下方，而弱极性物质的斑点在薄层板上方。

9. 展开剂的高度若超过点样线，会对薄层色谱有何影响？如何进行正确操作？

答 若展开剂的高度超过了点样线，点样处的样品就会溶解在展开剂中，造成走出的板模糊一片而分辨不清。正确的操作是：在薄板一端约 1 cm 处点样，展开缸中的展开剂以浸入薄层板约 0.5 cm 为宜。

10. 选择合适的展开剂是决定薄层分离效果的关键，应当如何选择展开剂？

答 展开剂的选择主要依据样品的极性、溶解度和吸附剂的活性等因素来考虑。凡溶剂的极性越大，则对化合物的洗脱力也越大。溶剂的相对极性如下：

石油醚（己烷、戊烷）<环己烷<甲苯<苯<二氯甲烷<氯仿<乙醚<乙酸乙酯<丙酮<正丙醇<乙醇<甲醇<水<乙酸

对烃类化合物，一般采用己烷、石油醚或苯作展开剂；对极性物质的分离，常采用极性较大的溶剂，如乙酸乙酯、丙酮或甲醇等。若将极性小的与极性较大的溶剂以各种比例混合，则能配成中等极性的混合溶剂，可适用于许多含一般官能团的化合物的分离。

实验10 柱 色 谱

1. 简述吸附柱色谱的分离原理和过程。

答 吸附柱色谱是利用待分离的混合物中各组分受吸附作用的不同，以及在选定的洗脱剂中的溶解度差异进行分离的。吸附柱色谱通常在玻璃管中填入表面积很大、经过活化的多孔性或粉状固体吸附剂（即固定相，通常为 Al_2O_3 和硅胶），当待分离的混合物溶液流经吸附柱时，各组分同时被吸附在柱的上端。当洗脱剂流下时，由于各组分受吸附的程度和解吸溶解的难易各不相同，经历了反复多次的吸附和解吸溶解之后，各组分在柱中走过的距离就不相同，即：混合物在柱中自上而下按对吸附剂的亲和力大小，分别形成不同层次的“色带”，当每个“色带”从柱底流出时，分别收集每个“色带”，即可得到各组分的溶液，蒸除溶剂后便可得到各纯组分。也可以将柱吸干，挤出吸附剂，按色带分割，分别用溶剂萃取，再各自蒸去溶剂，以获得纯品。

2. 影响吸附柱色谱分离效果的因素有哪些？

答 ①吸附剂的选择；②洗脱剂的选择；③吸附柱的大小；④吸附剂的用量；⑤柱子装填的好坏。

3. 装柱是吸附柱色谱中的关键操作，装柱的好坏将直接影响分离效率。装柱应该注意哪些问题？

答 装柱应注意的问题如下：

(1) 柱子应垂直固定在铁架上装填。

(2) 柱子应装填均匀、紧密。

(3) 柱子不应夹有气泡，更不能出现裂缝或断层。

(4) 柱顶表面保持水平。

4. 进行柱层析前，要将待分离的样品溶于一定体积的溶剂才能上柱，请问应该怎样选择溶剂？

答 应根据被分离物中各种成分的极性、溶解度和吸附剂的活性来考虑。溶解样品的溶剂的极性应比样品极性小一些，如果它的极性比样品大，则样品不易被吸附剂吸附。溶剂对样品的溶解度不宜太大，否则也会影响吸附，但如太小，则溶液体积增加使“色带”分散。当有的组分含较多极性基团，在极性小的溶剂中溶解度太小时，可加入少量极性较大的溶剂，这样使溶剂极性增加不大，而又减少了溶液的体积。

5. 色谱柱中若有空气泡或装填不匀，为什么会影响分离效果？

答 若色谱柱中有空气泡或装填不匀，就有可能使柱子出现断层或暗沟，同一组分在柱内下移的速度就不同，容易出现“色带”间交错而影响分离效果。

6. 为什么柱色谱分离时往往活塞不涂油脂(真空酯或凡士林)？

答 因为洗脱剂都是有机溶剂，而油脂也是有机物，且易溶于有机溶剂中。若活塞涂上油脂，则当洗脱剂流经此处时会溶解油脂并一同流出柱子于接受瓶中，从而影响分离物质的纯度。

实验11 无水乙醇的制备

1. 在无水乙醇制备过程中，回流有什么作用？为何回流装置一般要用球形冷凝管？

答 要使乙醇中少量的水能与 CaO 充分作用，需加热较长时间。由于乙醇是很容易挥发的有机物(b. p. =78. 3℃)，为了尽量减少乙醇的蒸发损失、确保产率，以及避免因其易燃而造成事故，利用回流可以使反应过程中产生的蒸气经冷凝管的冷凝返回反应瓶中。一般回流装置都用球形冷凝管，是因为球形冷凝管的表面积大，冷凝效果好。

2. 制备无水试剂时，应该注意哪些事项？为什么在回流装置的顶端和接受器支管上要装氯化钙干燥管？

答 制备无水试剂时应注意的事项如下：

(1) 所使用的仪器都必须干燥。

(2) 回流和蒸馏时，装置中各连接部分不能漏气。

(3) 整个系统不能封闭，开口处应装上有干燥剂的干燥管。

(4) 干燥剂不能装得太紧,尤其是装干燥剂时用的脱脂棉不能太多,也不能堵得太紧。

(5) 要加止爆剂。

因大气中含有少量水气,为防止水气的侵入,在回流和蒸馏时,与大气相通的管口都必须装上有干燥剂的干燥管。

3. 用 100 毫升工业乙醇制备无水乙醇时,理论上需要多少克 CaO?

解 有关反应式是

$$\begin{array}{lll} H_2O & + & CaO = Ca(OH)_2 \\ 18 & & 56 \\ 100\times 0.8042\times 5\% & & x \\ & & x = 12.5(g) \end{array}$$

故理论上需 12.5 g 的 CaO。

4. 无水 $CaCl_2$ 常用作吸水剂,如果用无水 $CaCl_2$ 代替 CaO 制无水乙醇可以吗? 为什么?

答 不可以。因为 $CaCl_2$ 会与乙醇反应形成一种配合物,而这种配合物不容易解离。

5. 为什么在制无水乙醇时,不先除去 CaO、$Ca(OH)_2$ 等固体物质就可以进行蒸馏?

答 一般用干燥剂干燥有机物时,在蒸馏之前应先滤去固体物质,然后才蒸馏。但 CaO 与乙醇中的水反应生成了 $Ca(OH)_2$,CaO 和 $Ca(OH)_2$ 等固体在加热时也不分解,故可留在瓶中一起蒸馏。

6. 制备无水乙醇时,为何要加少量的 NaOH? 怎样检验制得的无水乙醇是合格的?

答 加入少量的 NaOH 是为了除去乙醇中少量的醛等杂质。

检验方法如下:取 2 mL 制得的无水乙醇于干燥的试管中,加几粒 $KMnO_4$ 晶体,溶液不呈紫色时表明产品合格。

实验 12 无水乙醚的制备

1. 实验室使用或蒸馏乙醚时,应该注意哪些问题?

答 在实验室使用或蒸馏乙醚时,实验台附近严禁有明火。因为乙醚容易挥发，且易燃烧，与空气混合到一定比例时即发生爆炸。所以，在蒸馏乙醚时，只能用热水浴加热，蒸馏装置要严密不漏气，接受器支管上接的橡皮管要引入水槽或室外，且接受器外要用冰水冷却。

另外，蒸馏保存时间较久的乙醚时，应事先检验是否含过氧化物。因为乙醚在保存期间与空气接触和受光照射的影响，可能产生二乙基过氧化物($C_2H_5OOC_2H_5$)，过氧化物受热容易发生爆炸。

检验方法如下：取少量乙醚，加等体积的2%的KI溶液，再加几滴稀盐酸振摇，振摇后的溶液若能使淀粉显蓝色，则表明过氧化合物存在。

除去过氧化合物的方法如下：在分液漏斗中加入乙醚(含过氧化物)，加入相当乙醚体积1/5的新配制的$FeSO_4$溶液(55 mL水中加3 mL浓硫酸，再加30 g的$FeSO_4$)，剧烈振动后分去水层即可。

2. 在无水乙醚的制备中，加金属钠处理之前为什么要先用浓硫酸处理？

答 因为金属Na与水反应比较激烈，所以，先用浓硫酸除去乙醚中的少量水，再用金属Na除去乙醚中痕量的水。

3. 用金属钠除水时，为什么用二苯甲酮显色？它的显色机理是什么？

答 二苯甲酮干燥有机溶剂时的显色机理如下：

O
Na
$\bar{O}$
+
H_2O
OH
1
蓝色
2
无色

二苯甲酮和金属Na反应生成一个显蓝色的中间体1。如果溶剂中有水，继续反应生成无色的化合物2；如果没水，就停留在中间体1的蓝色状态。

实验13 正溴丁烷

1. 写出正丁醇与氢溴酸反应制备1-溴丁烷的反应机理。说明实验中采取哪些措施，能够使可逆反应的平衡向生成1-溴丁烷的方向移动？

答 此反应主要是按S_N2机理进行，机理如下：

$$CH_3CH_2CH_2CH_2OH + H^+ \rightleftharpoons CH_3CH_2CH_2CH_2\overset{+}{O}H_2 \xrightleftharpoons{Br^-} CH_3CH_2CH_2CH_2Br + H_2O$$

实验中采取下列措施，可以促使可逆反应的平衡向生成1-溴丁烷的方向移动。

(1) 加入过量的浓硫酸。浓硫酸在此反应中除与NaBr作用生成氢溴酸外，过量的浓硫酸作为吸水剂可移去副产物水；同时，又作为氢离子的来源以增加质子化醇的浓度，使不易离去的羟基转变为良好的离去基团H_2O。

(2) 加入适当过量的NaBr。过量的NaBr在过量的硫酸作用下，就可以产生过量的HBr。

(3) 在反应进行到适当的时候，边反应边蒸馏，移去产物1-溴丁烷。

2. 在制备1-溴丁烷时，反应瓶中为什么要加入少量的水？水加多了好不好？为什么？

答 加少量水的作用如下：

(1) 防止反应时产生大量的泡沫。

(2) 减少反应中HBr的挥发。

(3) 减少副产物醚、烯的生成。

(4) 减少HBr被浓硫酸氧化成单质溴。

水的量不宜加得过多。因为正丁醇与氢溴酸反应生成1-溴丁烷是可逆反应，副产物是水；增加水的量，不利于可逆反应的平衡向生成1-溴丁烷的方向进行。

3. 加料时，为什么加了水和浓硫酸后应冷却至室温，再加正丁醇和NaBr？能否先使NaBr与浓硫酸混合，然后加正丁醇和水？为什么？

答 因为浓硫酸加水稀释时会产生大量的热，若不经冷却就加正丁醇和NaBr，在加料时正反应和逆反应就立即发生，这不仅不利于操作，甚至还会造成危险。若先使NaBr与浓硫酸混合，则立即产生大量的HBr，同时产生大量泡沫且冲出来，不利于操作，也不利于反应。

4. 用正丁醇和氢溴酸制备1-溴丁烷，可能发生哪些副反应？蒸馏粗产物中可能含有哪些杂质？

答 可能发生的副反应如下：

$$CH_3CH_2CH_2CH_2OH \xrightarrow{\text{浓} H_2SO_4} CH_3CH_2CH_2CH_2OCH_2CH_2CH_2CH_3 + H_2O$$

$$CH_3CH_2CH_2CH_2OH \xrightarrow{\text{浓 } H_2SO_4} CH_3CH{=}CHCH_3 + CH_3CH_2CH{=}CH_2$$

$$CH_3CH{=}CHCH_3 \xrightarrow{HBr} CH_3CH_2CHBrCH_3$$

$$HBr + H_2SO_4 \longrightarrow Br_2 + SO_2 + 2H_2O$$

粗产物中可能含有的杂质有正丁醇、正丁醚、水和少量的2-溴丁烷。

5. 用浓硫酸洗涤产品是为了除去哪些杂质？除去杂质的依据是什么？

答 主要是除去正丁醇、正丁醚和水，因为醇、醚能与浓硫酸形成盐而留在硫酸溶液中。另外，浓硫酸还有吸水性作用。

6. 不用浓硫酸洗涤粗产物，对反应产品的质量有何影响？为什么？

答 若不用浓硫酸洗涤粗产物，则在下一步蒸馏中，正丁醇与1-溴丁烷由于可形成共沸物(b.p. 98.6℃，含13%正丁醇)而难以除去，使产品中仍然含有正丁醇杂质。

7. 蒸馏粗产物时，应该如何判断1-溴丁烷是否蒸馏结束？

答 可以从以下3个方面进行判断：

(1) 馏出液是否由浑浊变为澄清。

(2) 反应瓶上层油层是否消失。

(3) 取一支试管装少量水，再收集几滴馏液，观察下层有无油珠出现，若无则表明有机物已被蒸完。

8. 加热后，反应瓶中的内容物常出现红棕色，这是什么缘故？蒸完粗产品后，残留物为什么要趁热倒出反应瓶？

答 加热后，反应瓶中的内容物常常出现红棕色，这是由于在反应过程中，HBr被浓硫酸氧化成的单质Br_2溶解在内容物中。蒸馏粗产物后，残留物应趁热倒出反应瓶，否则反应瓶中的残留物$NaHSO_4$冷却后结块，很难倒出来。

9. 粗产品用浓硫酸洗涤后，为什么不直接用饱和$NaHCO_3$洗涤，而是先用水洗然后再加饱和$NaHCO_3$洗涤？

答 这是因为刚用浓硫酸洗过的产品还含有不少浓硫酸(包括漏斗壁)，若直接用饱和$NaHCO_3$中和，则由于酸的量太多，酸碱中和产生大量的热，同时有大量的CO_2产生，极易在洗涤时溅出甚至冲出液体，不易操作，也造成产品的损失。为了使该中和反应不致这么剧烈，故在加饱和$NaHCO_3$之前，用水洗涤产品及其漏斗壁上的大部分浓硫酸。

10. 在本实验操作中,如何减少副反应的发生?

答 减少副反应发生的方法如下:

(1) 加料时,在水中加浓硫酸后待冷却至室温,再加正丁醇和 NaBr。

(2) NaBr 要研细,且应分批加。反应过程中经常振摇,防止 NaBr 结块,使反应物充分接触。

(3) 严格控制反应温度,保持反应液呈微沸状态。

(4) 加料时加适量的水稀释浓硫酸。

11. 为什么在蒸馏前一定要滤除干燥剂 $CaCl_2$? 产品 1-溴丁烷的气相色谱分析表明有少量的 2-溴丁烷,它是如何生成的?

答 用无水 $CaCl_2$ 干燥水分是可逆过程。若不滤掉,则蒸馏时由于受热,$CaCl_2 \cdot 6H_2O$ 又会将水释放出来,这样就无法达到干燥的目的。2-溴丁烷很可能是由副产物 2-丁烯与溴化氢作用而得。

实验 14 2-甲基-2-氯丙烷

1. 洗涤粗产品时,如果 $NaHCO_3$ 溶液浓度过高、洗涤时间过长,会有什么影响? 为什么?

答 产物是卤代烃,在碱性溶液中易水解成醇。

2. 实验中未完全反应的叔丁醇如何除去?

答 叔丁醇是水溶性的,所以,有相当一部分叔丁醇会在用水和 $NaHCO_3$ 洗涤时被除去;另外,$CaCl_2$ 能与醇络合,因此,残留的叔丁醇可以在用无水 $CaCl_2$ 干燥时除去。

3. 实验中分别用水、5%的 $NaHCO_3$ 溶液、水洗涤,主要目的是什么?

答 先加水主要是用来稀释酸并除去大部分叔丁醇,再加 $NaHCO_3$ 溶液可进一步除酸,最后加水主要是洗碱。

4. 叔丁基氯的分子量要比叔丁醇大,为何沸点反而较低?

答 叔丁醇存在氢键。

实验15 三苯甲醇

1. 制备格氏试剂时,应该注意哪些问题?

答 应注意的问题如下:

(1) 所用的镁屑或镁带必须除去氧化膜。

(2) 所用的卤代烃、醚必须经过干燥并蒸馏纯化。

(3) 卤代烃-醚溶液不能滴得太快,更不能一次加入。

(4) 所用的玻璃仪器必须经烘箱干燥。

(5) 所有与大气相通的地方,都应接装有 $CaCl_2$ 的干燥管。

(6) 制好的格氏试剂不宜长时间保存。

(7) 必要时需在惰性气体(N_2、He_2)保护下进行。

2. 本实验在格氏试剂加成物水解前的各步骤中,为什么使用的药品、仪器均须充分干燥?

答 实验中所用药品有溴苯、乙醚、二苯甲酮,以及玻璃仪器在实验前必须经过纯化干燥处理。因为格氏试剂相当活泼,极易被含有活泼氢的物质(如水、醇)所分解。例如,

$$RMgX + H_2O \longrightarrow RH + Mg(OH)X$$

3. 本实验溴苯加入太快或一次加入,有什么不好?应该怎样操作?

答 格氏反应是一个放热反应,溴苯加入太快或一次加入时,由于反应时产生的热量过大而难以控制,同时会增加副产物联苯的生成。

4. 分解加成产物时,饱和 NH_4Cl 溶液为什么要慢慢加入?

答 加饱和 NH_4Cl 水溶液分解加成产物是个放热反应,应慢慢加入,否则反应剧烈放热,会使乙醚冲出。

5. 分解加成产物通常使用饱和 NH_4Cl 水溶液,还可以使用什么试剂来分解?

答 因为 NH_4Cl 水溶液是酸性的,能分解碱性的加成物。也可以用稀盐酸来分解,但不能用浓的强酸,否则产物醇会发生消除、重排等反应。

6. NH_4Cl 溶液分解产物及蒸馏乙醚后,为什么还要进行水蒸气蒸馏?

答 水蒸气蒸馏的目的是除去未反应的溴苯和副产物联苯。

7. 写出苯基溴化镁与下列化合物反应的产物(包括用稀酸水解反应混合物):①二氧化碳;②乙醇;③氧;④对甲基苯甲腈;⑤甲酸乙酯;⑥苯甲醛。

答

$$C_6H_5MgBr \xrightarrow{CO_2} C_6H_5CO_2MgBr \xrightarrow{H_3O^+} C_6H_5CO_2H$$

$$C_6H_5MgBr \xrightarrow{C_2H_5OH} C_6H_6$$

$$C_6H_5MgBr \xrightarrow{CH_3-C_6H_4-CN} CH_3-C_6H_4-\underset{\displaystyle C_6H_5}{\underset{|}{C}}{=}NMgBr \xrightarrow{H_3O^+} CH_3-C_6H_4-\underset{\displaystyle C_6H_5}{\underset{|}{C}}{=}O$$

$$C_6H_5MgBr \xrightarrow{H-\overset{O}{\overset{\|}{C}}-OC_2H_5} H-\overset{\displaystyle C_6H_5}{\overset{|}{\underset{\displaystyle C_6H_5}{\underset{|}{C}}}}-OMgBr \xrightarrow{H_3O^+} (C_6H_5)_2CHOH$$

$$C_6H_5MgBr \xrightarrow{C_6H_5CHO} H_5C_6-\underset{\displaystyle C_6H_5}{\underset{|}{CH}}OMgBr \xrightarrow{H_3O^+} (C_6H_5)_2CHOH$$

$$C_6H_5MgBr \xrightarrow{O_2} C_6H_5OMgBr \xrightarrow{H_3O^+} C_6H_5OH$$

实验16 乙　醚

1. 实验室使用或蒸馏乙醚时,应该注意哪些问题?

答 在实验室使用或蒸馏乙醚时,实验台附近严禁有明火。因为乙醚容易挥发,且易燃烧,与空气混合到一定比例时即发生爆炸。所以,在蒸馏乙醚时,只能用热水浴加热,蒸馏装置要严密不漏气,接受器支管上接的橡皮管要引入水槽或室外,且接受器外要用冰水冷却。

另外,蒸馏保存时间较久的乙醚时,应事先检验是否含过氧化物。因为乙醚在保存期间与空气接触和受光照射的影响,可能产生二乙基过氧化物($C_2H_5OOC_2H_5$),过氧化物受热容易发生爆炸。

检验方法如下:取少量乙醚,加等体积的2%的KI溶液,再加几滴稀盐酸振摇。振摇后的溶液若能使淀粉显蓝色,则表明过氧化合物存在。

除去过氧化合物的方法如下:在分液漏斗中加入乙醚(含过氧化物),加入相当乙醚体积1/5的新配制的$FeSO_4$溶液(55 mL水中加3 mL浓硫酸,再加30 g $FeSO_4$),剧烈振动后分去水层即可。

2. 在制备乙醚时,滴液漏斗的下端若不浸入反应液液面以下,会有什么影响? 如果滴液漏斗的下端较短、不能浸入反应液液面下,应该怎么办?

答 滴液漏斗的下端应浸入反应液液面以下。若在液面上方,则滴入的乙醇易受热被蒸出,无法参与反应,造成产率低、杂质多。如果滴液漏斗下端较短而不能浸入反应液液面以下,应在其下端用一小段橡皮管接一段玻璃管。但要注意,不要让橡皮管接触到反应液,以免反应液中的浓硫酸腐蚀橡皮管。

3. 在制备乙醚和蒸馏乙醚时,温度计被安装的位置是否相同? 为什么?

答 不同。在制备乙醚时,温度计的水银球必须插入反应液的液面以下。因为此时温度计的作用是测量反应温度;而蒸馏时温度计的位置是在液面上,即水银球的上部与蒸馏烧瓶的支管下沿平齐,此时温度计的作用是测量乙醚蒸气的温度。

4. 在制备乙醚时,反应温度已高于乙醇的沸点,为什么乙醇不易被蒸馏出?

答 因为此时乙醇与浓硫酸作用形成盐。

$$CH_3CH_2OH + H_2SO_4 \longrightarrow [CH_3CH_2O^+H_2]HSO_4^-$$

该盐是离子型化合物,沸点较高,不易被蒸出。

5. 制备乙醚时,为何要控制滴加乙醇的速度? 怎样滴加比较合适?

答 制乙醚时,反应液加热到 130～140℃时,产生乙醚。此时再滴加乙醇,乙醇将继续与硫酸氢乙酯作用生成乙醚。若此时滴加乙醇的速度过快,不仅会降低反应液的温度,而且滴加的部分乙醇因来不及作用就会被蒸出。若滴加乙醇速度过慢,则反应时间会太长,瓶内的乙醇易被热的浓硫酸氧化或碳化。因此,滴加乙醇的速度应该控制在能保持与馏出乙醚的速度相等为宜(1 滴/秒)。

6. 在粗制乙醚中有哪些杂质? 它们是怎样形成的? 实验中可以采取哪些措施将它们一一除去?

答 在粗制乙醚中尚含有水、醋酸、亚硫酸以及未反应的乙醇。因为在制备乙醚的同时,有下列反应发生:

主反应:

$$2CH_3CH_2OH \xrightarrow[\triangle]{H_2SO_4} CH_3CH_2OCH_2CH_3 + H_2O$$

副反应:

$$2CH_3CH_2OH \xrightarrow[\triangle]{H_2SO_4} H_2C{=}CH_2 + H_2O$$

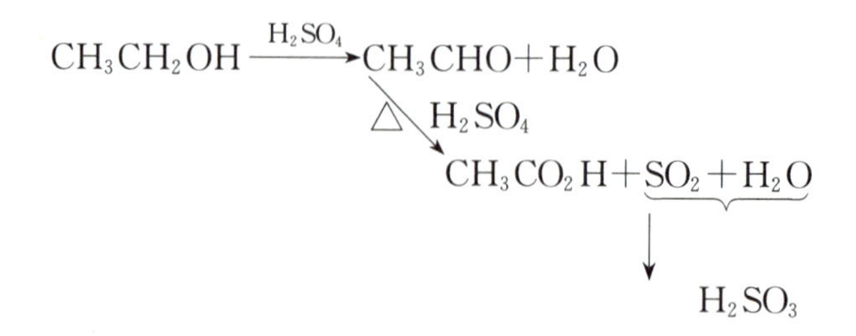

实验17 正丁醚

1. 如何判断反应已经比较完全?

答 ①看出水量;②温度为140℃(出水量不足,可放宽1～2℃);③反应液橘黄(或棕色);④阵发性白雾(轻微分解)。

2. 反应结束后,为什么要将混合物倒入25 mL水中?其后各步洗涤的目的是什么?

答 稀释反应体系中的浓硫酸,防止NaOH洗涤时放出大量的热。NaOH溶液洗涤反应体系中的酸,水洗是为了除去有机相的盐分及过量的NaOH,饱和$CaCl_2$洗涤是除去剩余的正丁醇。

3. 在正丁醚的制备过程中,为什么要使用分水器?它有什么作用?

答 本实验主反应为可逆反应,且产物中有水,因此,需把生成的水从反应体系中分离出来,使平衡向正方向移动,从而提高产率。分水器的作用就是把反应生成的水分离出来。

实验18 乙酰苯胺

1. 用苯胺为原料进行苯环的一些取代反应时,为什么常常要先进行乙酰化?举例说明氨基保护在有机合成中的应用。

答 芳香族伯胺的芳环和氨基都容易起反应。在有机合成中,为了保护氨基,往往把它乙酰化变为乙酰苯胺,再进行其他反应,最后经水解除去乙酰基。

例如,在苯胺直接硝化时,易被硝酸氧化,并产生焦油状的产物,所以,常先将其转变为乙酰苯胺,再进行硝化:

$$\text{C}_6\text{H}_5\text{NH}_2 \xrightarrow[\text{Zn}]{\text{HOAc}} \text{C}_6\text{H}_5\text{NHCOCH}_3 \xrightarrow{\text{HNO}_3/\text{H}_2\text{SO}_4} p\text{-O}_2\text{N-C}_6\text{H}_4\text{-NHCOCH}_3 \xrightarrow{\text{H}_2\text{O}/\text{OH}^-} p\text{-O}_2\text{N-C}_6\text{H}_4\text{-NH}_2$$

2. 常用的乙酰化试剂有哪些？哪一种较为经济？哪一种反应最快？

答 常用的乙酰化试剂有乙酰氯、乙酸酐和冰醋酸等，其中冰醋酸最为价廉易得，乙酰氯反应最快。

3. 在用冰醋酸法制备乙酰苯胺实验中，采用哪些措施来提高产率？

答 可以采用下列措施提高乙酰苯胺的产率：

(1) 用过量的冰醋酸与苯胺反应。

(2) 加入少量锌粉，以防止苯胺在反应过程中被空气氧化。

(3) 边反应边蒸出副产物水，以避免乙酰苯胺的水解。

4. 用冰醋酸制乙酰苯胺时，为什么要控制分馏柱上端的温度在100～110℃之间？温度过高有什么不利之处？

答 冰醋酸与苯胺作用制乙酰苯胺反应本身需要加热，为了及时除去反应副产物水，以提高乙酰苯胺的产率，同时又不至于使反应原料冰醋酸(b. p. 118℃)蒸出，所以，要控制分馏柱上端的温度在100～110℃之间。温度过高，醋酸就会被蒸出，影响乙酰苯胺的产率。

5. 若使用8 mL的苯胺和9 mL的乙酸酐来制备乙酰苯胺，哪一种试剂过量？乙酰苯胺的理论产量是多少？

答

名称	分子量	密度	用量(mL)	重量(g)	物质量(mol)
苯胺	93	1.022	8.0	8.176	0.088
乙酸酐	102	1.082	9.0	9.738	0.095

从上表可以看出是乙酸酐过量。

乙酰苯胺的理论产量为

$$W_{理论} = 0.088 \times 135 = 11.88(\text{g})$$

实验19 ε-己内酰胺

1. 写出环己酮肟的贝克曼重排反应制备ε-己内酰胺的反应机理。

答

$$\xrightarrow{\text{浓}H_2SO_4} \quad \xrightarrow{-H_2O} \quad \xrightarrow{+H_2O} \quad \xrightarrow{-H^{\oplus}}$$

2. 配制85%的硫酸时有哪些注意事项?

答 先根据要配制的硫酸的浓度和数量,计算所需浓硫酸与水的量。用量筒量取好水放入烧杯中,然后再将量取好的浓硫酸缓慢分多次、小心注入水中,边加边用玻璃棒搅拌。加完后,搅拌均匀、放冷即可。特别要注意的是,不能将水加入浓硫酸中,这是由于水与浓硫酸产生大量的热,容易造成飞溅事故。

3. 萃取分液时,遇到混合溶液难以分层,一般有哪些方法可以解决?

答 萃取时有机相与水相难以分层的现象叫乳化。消除乳化的操作称为破乳,破乳一般可以通过改变不同相的密度,或者改变溶剂的种类、化学平衡作用的添加剂,使用缓冲剂调节pH值、盐调节离子强度等。具体方法如下:加盐;通过玻璃棉塞,过滤纸过滤;通过离心作用;加入少量的不同有机溶剂(可参见实验8“思考与分析”9)。

实验20 己 二 酸

1. 加料时,量过环己醇的量筒能否直接用来量取50%的硝酸?

答 量过环己醇的量筒不可直接用来量取50%的硝酸。因为50%的硝酸与残留的环己醇会剧烈反应,同时放出大量的热,这样不仅量取50%的硝酸的量不准确,而且容易发生意外事故。

2. 量过环己醇的量筒为何要加少量温水洗涤?并且要将此洗液倒入加料用的恒压漏斗中?

答 实验所用环己醇的凝固点是21~24℃,在室温时是黏稠状的液体,极易残留在量筒里,所以,要用温水洗涤量筒,并将其倒入恒压漏斗中,以免造成损失。另外,环己醇中加少量的水,还可以防止恒压漏斗加料时堵塞漏斗的小孔,便于环己醇放尽。

3. 用环己醇氧化制备己二酸时,为什么要在回流冷凝管的上端接气体吸收装置?吸收此尾气是用水好,还是用碱液好?

答 由于环己醇被氧化成己二酸的同时会生成 NO,NO 遇到氧后就转变成有毒的 NO_2,故应接上气体吸收装置除去此尾气,避免造成污染和中毒。由于酸性的 NO_2 在水中溶解度不大,因此,用碱液吸收更好。

4. 为什么有些实验在加入最后一种物料之前,都要先加热前面的物料(如己二酸制备实验中就得先预热到50～60℃)?

答 不论是吸热反应还是放热反应都需要活化能。对活化能较高的一些反应(室温时仍达不到其活化能的反应),都需通过外部加热供给能量,使其达到所需要的活化能。

5. 制备己二酸实验的关键操作是什么?请说明其原因。

答 控制环己醇的滴加速度是制备己二酸实验的关键。因为此反应是一个强放热的反应,所以,必须等先加入反应瓶中的少量环己醇作用完全后才能继续滴加。若滴加太快,反应过于剧烈,无法控制,会使反应液冲出烧瓶造成事故。若滴加太慢,反应进行缓慢,需要的时间太长。所以,操作时应控制滴加环己醇的速度,维持反应液处于微沸状态。

6. 制备己二酸时,应该如何控制反应温度?

答 在未加入最后一个物料环己醇之前,先预热反应瓶中的稀硝酸接近沸腾。在振摇下,慢慢滴加5～6滴环己醇,反应发生同时放出热量。这时应控制滴加环己醇的速度,维持反应液呈微沸状态,直至滴加完所有的环己醇。若反应液出现暴沸时,应及时用冷水浴冷却至微沸状态。注意不能冷却太久,否则又得重新加热,才能继续发生反应。

7. 用硝酸法制备己二酸时,为什么要用50%的硝酸而不是用71%的浓硝酸?

答 若用71%的浓硝酸氧化环己醇,反应太剧烈,不易控制。同时,浓硝酸与空气接触,产生大量有刺激性的酸雾,会影响操作,故采用50%的硝酸为好。

8. 反应完毕后,为什么要趁热倒出反应液?抽滤后得到的滤饼为何要用冰水洗涤?

答 反应刚结束的时候,反应液容易倒出。若任其冷却至室温的话,己二酸就结晶析出,不容易倒出而造成产品的损失。己二酸在冰水中的溶解度比室温时在水中的溶解度要小得多。为了洗涤己二酸晶体和减少损失,在实验中用冰水洗涤滤饼。

9. 用5.3毫升的环己醇加16毫升的50%的硝酸制备己二酸，试计算其理论产量(98%的环己醇的比重为0.962 4，50%的硝酸的比重为1.31)。

答 反应式为

$$3\ C_6H_{11}OH + 8HNO_3 = 3HO_2C(CH_2)_4CO_2H + 7H_2O$$

$$8NO + 4O_2 = 8NO_2$$

(1) 环己醇量：5.3×0.962 4×0.98/100.16=0.049 8(mol)。

(2) 硝酸的量：16×1.31×0.50/63=0.166 3(mol)，大于0.049 8×8/3=0.132 8(mol)。

由于硝酸过量，理论产量按环己醇的量进行计算：0.049 8×146=7.3(g)。

实验21 乙酸乙酯

1. 酯化反应有什么特点？在实验中采取哪些措施来提高乙酸乙酯的产率？

答 酯化反应是可逆反应。

本实验采用增加反应物之一乙醇的用量、不断将反应产物乙酸乙酯和水蒸出，使平衡向右移动，以及稍多加催化剂硫酸的用量以除水等措施来提高乙酸乙酯的产率。

2. 酯化反应中采用醇过量好，还是采用酸过量好？

答 酯化反应中使用过量的酸还是过量的醇，主要取决于原料是否易得、价格是否合适，以及过量的原料与产物是否容易分离等因素。例如，制取乙酸乙酯时宜采用乙醇过量，而制取乙酸正丁酯时宜采用乙酸过量。

3. 浓硫酸在酯化反应中有何作用？一般硫酸用量为醇用量的3%就可以，为何本实验要稍多加一些？是否是加得越多越好？

答 浓硫酸在酯化反应中主要起催化作用。催化所需硫酸的量只要醇用量的3%就可以，本实验之所以要稍多加一些，是因为浓硫酸除起催化作用外，还可以吸收反应生成的副产物水，从而促使反应朝生成乙酸乙酯方向进行。但硫酸也不能加得太多，否则加热时浓硫酸的氧化反应加剧，对酯化不利，也不经济。

4. 在乙酸乙酯制备中，若温度过高或乙醇-乙酸混合液滴加速度太快，会对反应有何影响？

答 反应温度过高，会增加副产物乙醚的含量，也会加剧浓硫酸的氧化反应而不利于酯化。

乙醇-乙酸混合液滴加速度太快，会使乙醇和乙酸来不及反应而被蒸馏出。

5. 在乙酸乙酯制备中，可能发生哪些副反应？在馏出液中可能有哪些杂质？实验中是怎样除去的？

答 可能发生的副反应如下：

$$CH_3CH_2OH \xrightarrow{H_2SO_4} CH_3CH_2OCH_2CH_3 + H_2O$$

$$CH_3CH_2OH \xrightarrow{H_2SO_4} CH_3CHO + SO_2 + 2H_2O$$

$$CH_3CHO \xrightarrow{H_2SO_4} CH_3CO_2H$$

$$SO_2 + 2H_2O \longrightarrow H_2SO_3$$

在馏出液中除产品乙酸乙酯外，还有少量未反应的乙醇、乙酸、亚硫酸、乙醚和水等杂质。

加饱和 Na_2CO_3 溶液除去酸；加饱和 $CaCl_2$ 溶液除去乙醇；加无水 $MgSO_4$ 除去水；蒸馏时除去前馏分，则可除去乙醚。

6. 在乙酸乙酯粗产物的精制中，饱和 Na_2CO_3 溶液是除酸，饱和 $CaCl_2$ 溶液是除醇。为何在这两步之间要加饱和 NaCl 溶液洗涤？用水洗涤可以吗？能否用浓 NaOH 溶液代替饱和 Na_2CO_3 溶液洗涤？

答 当酯层用饱和 Na_2CO_3 溶液洗涤后，若紧接着就用饱和 $CaCl_2$ 溶液洗涤，则残留在酯中的 Na_2CO_3 就会与 $CaCl_2$ 反应而产生絮状的 $CaCO_3$ 沉淀造成分离的困难，所以，在这两步之间要加饱和 NaCl 洗涤。一方面可以除去残留在酯中的 Na_2CO_3，另一方面还可以降低酯在水中的溶解度，而且可以防止乳化，有利于分层，便于分离。

这里不能用水代替饱和 NaCl 溶液洗涤，因为酯在水中的溶解度较大（每 17 份水溶解 1 份乙酸乙酯）。

这里也不能用浓的 NaOH 溶液代替饱和 Na_2CO_3 溶液来洗涤，因为酯在强碱溶液中容易发生水解。

7. 在制备实验中，常用化学干燥法除去液体有机物中的少量水分，选择干燥剂时应该注意哪些问题？为何本实验不用无水 $CaCl_2$ 干燥乙酸乙酯？

答 选择干燥剂时应注意的事项如下：

(1) 不与被干燥的有机物发生任何化学反应。

(2) 不溶解于被干燥的有机物中。

(3) 对被干燥的有机物无催化作用。

(4) 干燥速度要快,吸水量要大。

由于 $CaCl_2$ 能与醇类、酯类形成分子络合物,因此,不能用 $CaCl_2$ 干燥醇类、酯类。

8. 为什么乙酸乙酯粗产物中的杂质未除净或干燥不完全,会影响产率?

答 因为乙酸乙酯与乙醇或水会形成二元和三元恒沸物,所以,粗产物中的杂质未除净或干燥不完全时,会使沸点下降而影响产率。

沸点(℃)	组成		
	乙酸乙酯(%)	乙醇(%)	水(%)
70.2	82.6	8.4	9.0
70.4	91.9		8.1
71.8	69.0	31.0	

实验22 苯甲酸乙酯

1. 本实验采用何种措施来提高酯的产率?

答 ①通过增加反应物的浓度,使反应限度加大。②通过分离生成物水,使平衡向右移动。③添加浓硫酸作催化剂,使反应限度加大。

2. 为什么采用分水器除水?

答 因为除去生成物水有利于反应进行,故要用到分水器。

3. 实验中使用何种原料过量?为什么会使用过量?为什么要加苯?

答 (1) 使用乙醇过量。

(2) 因为其来源容易,且价格比较便宜。

(3) 因为在分水回流的过程中,会有由苯、乙醇、水组成的恒沸物带出,为了使反应物乙醇不随水而带出过多,所以,添加苯这个带水剂。

4. 浓硫酸有什么作用?有哪些常用酯化反应的催化剂?

答 浓硫酸在本实验作为催化剂和脱水剂,常用的酯化反应催化剂有浓硫酸、固体超强酸、苯磺酸、对甲苯磺酸、树脂、路易斯碱、有机锡羧酸酯等。

实验23 乙酰水杨酸

1. 在乙酰水杨酸的制备过程中,加入磷酸的作用是什么?能否用水杨酸与乙酸直接酯化来制备乙酰水杨酸?

答 磷酸起催化作用。不能用水杨酸与乙酸直接酯化来制备。乙酰水杨酸的制备中,酚羟基中的氧已经和苯环共轭(p-π共轭),它很难再和质子或其他正离子结合成盐。所以,酚类化合物与醇不同,不能直接与酸酯化,而需在酸(如硫酸、磷酸)的催化下,与活泼的酰化剂酰氯或酸酐作用而酯化。

2. 在合成阿司匹林时有少量高聚物生成,写出此高聚物的结构,并说明实验中是怎样将粗产品中的少量高聚物除去的?

答 此高聚物是聚酯,其结构如下:

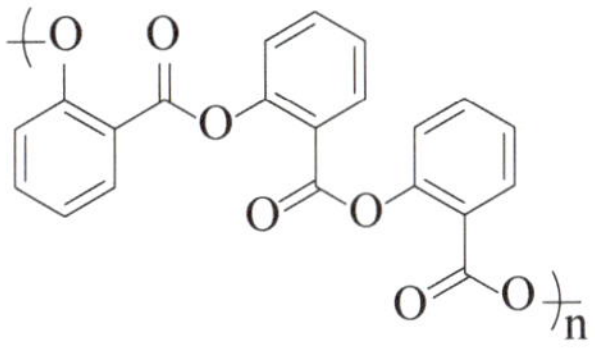

实验是在粗产品中加10%的$NaHCO_3$溶液使乙酰水杨酸成钠盐而溶解,则聚酯不反应。通过抽滤除去此固态高聚物,然后用酸中和钠盐再得到阿司匹林。

3. 阿司匹林中最可能存在什么杂质?它是怎样带入的?如何检验杂质的存在?

答 最可能存在于最初产物中的杂质是原料水杨酸。杂质的存在是由于乙酰化反应不完全,或是由于分离步骤中发生酯水解造成。可将少量产品加乙醇后,加几滴1%的$FeCl_3$溶液,若有蓝紫色出现,则说明有水杨酸。

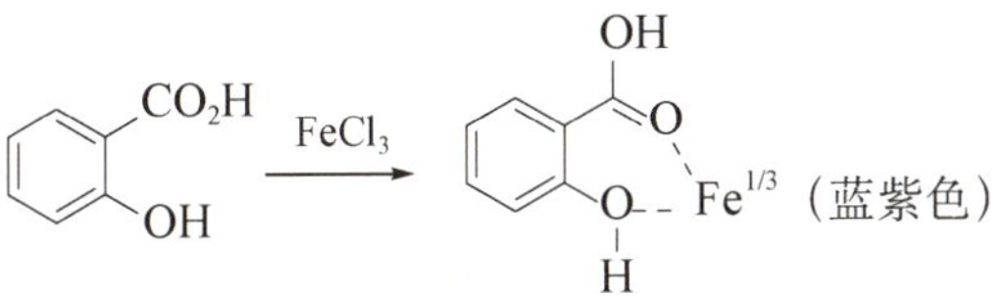

(蓝紫色)

4. 纯净的阿司匹林对$FeCl_3$呈阴性反应,但是由95%的乙醇结晶得到的阿司匹林有时却显示为正反应,试解释其原理。

答 由于95%的乙醇中含有少量的水,加热重结晶时,有时会引起乙酰水杨酸的水解。

水解反应产生的水杨酸能与 $FeCl_3$ 呈显色反应。

$$\text{C}_6\text{H}_4(\text{CO}_2\text{H})(\text{OCOCH}_3) \xrightarrow[\triangle]{H_2O} \text{C}_6\text{H}_4(\text{CO}_2\text{H})(\text{OH}) + CH_3COOH$$

5. 下列哪些化合物与 $FeCl_3$ 呈显色反应？

(1)苯甲酸；(2)苯酚；(3)苄醇；(4)乙醇；(5)β-萘酚；(6)1-羟基-2-萘甲酸。

答 (2),(5),(6)分子中均含有酚羟基(即烯醇)结构的化合物，均能与 $FeCl_3$ 呈显色反应。

实验24 甲 基 橙

1. 什么是偶合反应？偶合反应属于哪种反应类型？为什么偶合反应总是发生在重氮盐与酚类或芳胺之间？

答 重氮盐在中性、弱酸或弱碱性介质中与芳胺或酚类作用，由偶氮基将两个分子偶联起来，生成偶氮化合物的反应称为偶合反应。

偶合反应属于亲电取代反应。由于重氮阳离子是弱的亲电试剂，故只有苯环上电子云密度高的芳胺或酚类，才能与之顺利进行反应。

2. 反应介质对反应是否有影响？重氮盐与酚类和芳胺偶合时，应在什么介质中更加有利？为什么？

答 反应介质对偶合反应是有影响的。重氮盐与酚类的偶合反应，在弱碱性介质中进行有利。因为在碱性介质中，酚转变成苯氧负离子，苯氧负离子的苯环上电子云密度比酚中苯环上的电子云密度要高，更容易受重氮阳离子的进攻。但溶液的碱性不宜太强，否则重氮阳离子将转变为重氮酸或重氮盐而不进行偶合反应。

$$Ar\overset{+}{N}{\equiv}N: \underset{H^+}{\overset{OH^-}{\rightleftharpoons}} ArN{=}N{-}OH \underset{H^+}{\overset{OH^-}{\rightleftharpoons}} ArN{=}N{-}O^-$$

(可偶合)　　　(不偶合)　　　(不偶合)

重氮盐与芳胺进行的偶合反应，在中性或弱酸性介质中进行更有利。因为在强酸性介质中，芳胺将转变为铵盐，导致芳环的电子云密度太低，而不能进行偶合反应。

3. 在制备重氮盐(如制备氯化重氮苯)时,为什么要在强酸介质中进行?并且强酸要适当过量?

答 制备重氮盐时,要用过量的酸,是因为重氮盐在酸性介质中更加稳定。另外,过量的酸可与未重氮化的少量芳胺形成铵盐($ArNH^{3+}$),从而防止重氮盐与未反应的芳伯胺发生偶合反应。

重氮化反应之所以要在强酸性介质中进行,是因为芳伯胺的碱性太弱,只有与强酸才能形成稳定的盐。为防止生成的重氮盐与未反应的芳伯胺偶联,同时,为了防止生成的重氮盐离子进攻未反应的芳伯胺的氮离子形成重氮氨基苯。例如,

$$Ar\overset{+}{N_2} + H_2\ddot{N}Ar \longrightarrow ArN{=}NNHAr + H^+$$

因此,重氮化反应必须在强酸中进行。

4. 重氮化反应为什么在低温下进行?

答 若反应温度较高,一方面亚硝酸分解的速度加剧,使重氮化反应不完全;另一方面,温度过高会导致生成的重氮盐易水解成苯酚:

$$C_6H_5-\overset{+}{N_2}\overset{-}{Cl} + H_2O \xrightarrow[H^+]{15℃} C_6H_5-OH + N_2\uparrow + HCl$$

所以,重氮化反应通常在低温中进行(一般是0~5℃)。

5. 在进行重氮反应时,为什么加 $NaNO_2$ 溶液(直接法重氮化)或加盐酸溶液(倒转法重氮化)时反应要慢?

答 在芳伯胺与盐酸的混合液中加入 Na_2NO_2 溶液称为直接法重氮化。在芳伯胺与碱的混合液中加计算量的 Na_2NO_2 溶液,最后再滴加盐酸,直至重氮化作用完全的操作称为倒转法重氮化。在进行重氮化反应时,最后无论是加 Na_2NO_2 溶液还是加盐酸溶液都要慢。因为重氮化反应作用较慢,同时,重氮化反应是个放热反应。加料快时,一方面亚硝酸积聚,易于分解;另一方面,会使溶液温度升高,对重氮化反应不利。

6. 在制备甲基橙时,难溶于酸的对氨基苯磺酸大多采用倒转法重氮化,在缓慢加入盐酸溶液的同时,为什么要不断搅拌?

答 在对氨基苯磺酸钠和 $NaNO_2$ 混合液中,缓慢加入盐酸溶液,一方面使 $NaNO_2$ 生成亚硝酸($NaNO_2 + HCl \longrightarrow HNO_2 + NaCl$);另一方面,使对氨基苯磺酸钠分解为对氨基苯磺酸而产生细粒状沉淀析出,并立即与亚硝酸发生重氮化反应,生成对氨基苯磺酸的重氮盐。为了使对氨基苯磺酸完全重氮化,在反应

过程中必须不断搅拌。

$$H_2N-C_6H_4-SO_3Na \xrightarrow{HCl} H_3\overset{+}{N}-C_6H_4-SO_3^- \xrightarrow{HNO_2} \overset{+}{N_2}-C_6H_4-SO_3H$$

7. 在制备重氮盐时，为什么要把对氨基苯磺酸变成钠盐后，再加 $NaNO_2$ 和浓盐酸？如果改为先将对氨基苯磺酸与浓盐酸混合，再加 $NaNO_2$ 溶液进行重化反应，这样做行不行？为什么？

答 对氨基苯磺酸是一种两性有机物，其酸性比碱性强，以酸性内盐存在，它能与碱形成盐，而不与酸作用。重氮化反应又必须在酸性溶液中完成。因此，在进行重氮化反应时，要先将对氨基苯磺酸与碱作用，变成水溶性较大的对氨基苯磺酸钠，然后再加 $NaNO_2$ 和盐酸。

若改成先与盐酸混合，再滴加 $NaNO_2$ 溶液是不行的。因为对氨基苯磺酸不溶于酸，此时，对氨基苯磺酸以固体形式沉在下层、盐酸在上层。当加入 $NaNO_2$ 溶液时，上层溶液(盐酸)与之生成亚硝酸。亚硝酸易分解，而下层的固体最多只能在两相界面处接触到亚硝酸发生重氮化。因此，重氮化效果差，甚至不能进行重氮化。

8. 在制备甲基橙时，在重氮化过程中亚硝酸过量是否可以？如何检验其是否过量？又如何销毁过量的亚硝酸？

答 亚硝酸过量不好。因为亚硝酸能起氧化和亚硝化作用，同时还会引起一系列副反应。

当重氮化反应完成后，溶液中若有过量的亚硝酸存在，可用淀粉- KI 试纸检验：

$$2HNO_2+2KI+2HCl \longrightarrow I_2+2H_2O+2KCl$$

析出的碘使淀粉变蓝。

注意以下问题：

(1) 反应液应呈酸性。

(2) 淀粉- KI 试纸是否灵敏(用 $NaNO_2$ 溶液酸化后试验)。

(3) 只有在反应液接触试纸后 15～20 s 内呈蓝色者，才表示亚硝酸过量。

(4) 由于临近反应终点，芳伯胺在溶液中的浓度变小，重氮化反应的速度就会变慢，因此，当亚硝酸溶液(或盐酸溶液)加入后，要搅拌 3～4 min，使亚硝酸尽量与芳伯胺作用，才能检验亚硝酸是否过量。销毁过量亚硝酸的方法是加入少量尿素，直至反应液不再冒出气泡为止。

$$H_2NCONH_2 + 2HNO_2 \longrightarrow CO_2\uparrow + N_2\uparrow + 3H_2O$$

9. 粗甲基橙为什么要在加热溶解后，再加入固体 NaCl 进行重结晶？

答 最初析出的甲基橙颗粒很细，直接抽滤速度很慢，且含杂质过多。先将其加热溶解，再加少量固体 NaCl，利用盐析原理使大部分甲基橙更易析出。若让其自然冷却，就可形成较大的结晶，不仅便于抽滤，且杂质较少。

10. 在粗甲基橙进行重结晶时，依次用少量水、乙醇和乙醚洗涤，其目的何在？

答 用水洗涤是为了减少甲基橙吸附的碱。碱性大时，温度稍高，甲基橙就易变质，颜色变深而呈褐色。用少量乙醇、乙醚洗涤，是为了除去剩余的被甲基橙吸附的碱和其他有机物，同时，也是为了使产品甲基橙能迅速变干。湿的甲基橙受光作用后颜色会变深。

11. 甲基橙在酸碱溶液中分别呈何种颜色？说明其变色的原因。

答 甲基橙是酸碱指示剂中的一种，其变色范围 pH 值为 3.1～4.4。在 pH 值低于 3.1 时，溶液呈红色；在 pH 值大于 4.4 时，溶液呈黄色。甲基橙的变色原因如下：

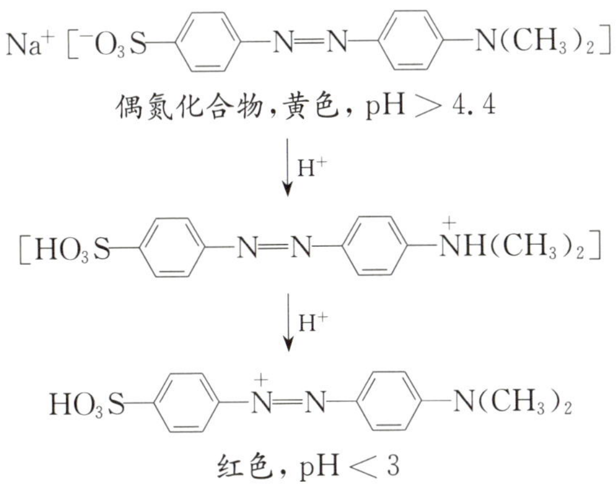

$$Na^+[^-O_3S-C_6H_4-N{=}N-C_6H_4-N(CH_3)_2]$$

偶氮化合物，黄色，pH > 4.4

$$\downarrow H^+$$

$$[HO_3S-C_6H_4-N{=}N-C_6H_4-\overset{+}{N}H(CH_3)_2]$$

$$\downarrow H^+$$

$$HO_3S-C_6H_4-\overset{+}{N}H{=}N-C_6H_4-N(CH_3)_2$$

红色，pH < 3

12. 把冷的重氮盐溶液缓慢倒入低温新制备的 CuCl 的盐酸溶液中，将会发生什么反应？写出产物的名称。

答 将会发生桑德迈尔反应，即重氮基被氯取代，同时放出氮气。

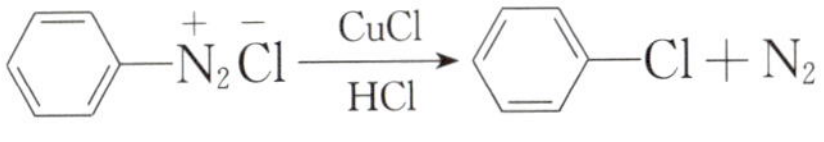

$$C_6H_5-\overset{+}{N_2}\overset{-}{Cl} \xrightarrow[HCl]{CuCl} C_6H_5-Cl + N_2$$

13. N, N-二甲基苯胺与重氮盐偶合时，为什么总是在取代氨基的对位发生？

答 因为芳环上的取代氨基是个很强的给电子基，通过其与苯环的 p-π 共轭作用，使苯环的电子云密度增加，尤其是邻对位。由于重氮盐进攻邻位时位阻较大，因此，偶合反应优先发生在取代氨基的对位。当对位被占，则发生在邻位。偶合反应绝对不会在取代氨基的间位上发生。

实验 25 对碘苯甲酸

1. 为什么重氮化必须在低温下进行？温度过高或酸度不够，会出现什么问题？

答 温度过高或酸度不够，重氮化物会分解。

2. 在重氮盐的制备过程中要避免哪些物质产生？如何检验及除去？

答 避免过量的亚硝酸。过量的亚硝酸会促进重氮盐的分解，会很容易和进行下一步反应所加入的化合物（如叔芳胺）起作用，还会使反应终点难于检验。加入适量的 $NaNO_2$ 溶液后，要及时用淀粉- KI 试纸检验反应终点。过量的亚硝酸可以加入尿素来除去。

实验 26 苯甲酸和苯甲醇

1. 本实验是根据什么原理来分离纯化苯甲醇和苯甲酸这两种产物的？

答 根据苯甲酸钠、苯甲醇在水中和在乙醚中的溶解度不同。苯甲醇在乙醚中易溶，苯甲醇钠易溶于水。用乙醚可在反应混合物中萃取苯甲醇，再经蒸馏除去萃取剂乙醚，便可得到产物苯甲醇；将萃取后的水溶液酸化，就得到苯甲酸固体，经抽滤就可以得到另一产物苯甲酸。

2. 醚层用饱和 $NaHSO_3$ 及 Na_2CO_3 溶液洗涤，洗去什么杂质？

答 醚层中加饱和 $NaHSO_3$ 溶液是为了除去醚层中未反应完的苯甲醛。用 Na_2CO_3 溶液是洗去醚层中极少量的苯甲酸。

3. 本实验中所用的苯甲醛为何应重蒸馏？

答 苯甲醛很容易被空气中的 O_2 氧化成苯甲酸。为除去苯甲酸，在实验前需要重新蒸馏苯甲醛。

实验27 呋喃甲醇和呋喃甲酸

1. 为什么溶液经搅拌后呈棕黑色(巧克力色),会无黄色浆状物出现,应该如何改善?

答 可能是溶液温度较高,也可能是呋喃甲醛未完全反应;若无黄色浆状物出现,应先停止滴加呋喃甲醛。控制反应温度,同时不停搅拌至有黄色浆状物产生,方可继续滴加,否则反应体系中累积大量的呋喃甲醛。一旦反应,会使温度急剧上升,反应难于控制,反应物变成深红色。

2. 呋喃甲酸为无色针状结晶体,为什么实验得到的为黄色固体并混有黑色杂质? 如何除去这些杂质?

答 没有反应完全;可通过重结晶除去,期间加入活性炭除色。

3. 如何提高产率?

答 (1) 由于呋喃甲酸能溶于水,故在洗涤时不宜用较多的水。

(2) 在混合反应中,最好逐滴加入呋喃甲醛,分液漏斗有时可能不好控制,用滴管逐滴加入较好。

(3) 严格控制反应温度,温度较高时在水浴中添加冰块,温度较低时在水浴中添加热水,以维持反应最适温度。

(4) 在酸化时,必须要足量,以保持 pH 值为 2~3,否则呋喃甲酸不能充分游离出来。

4. 本实验是否有副反应发生?

答 主要是呋喃甲醇分子间脱水成醚、呋喃甲酸脱水成酸酐,以及呋喃甲酸的脱羧。

5. 为什么要使用新鲜的呋喃甲醛? 长期放置的呋喃甲醛会产生哪些杂质? 若不先除去,对本实验有何影响?

答 呋喃甲醛被空气中的 O_2 氧化生成呋喃甲酸,故实验前需要重新蒸馏。长期放置的呋喃甲醛含有少量的呋喃甲酸杂质,若不除去,将会影响产品的产率及纯度。

6. 酸化为什么是影响产物收率的关键? 应该如何保证完成?

答 乙醚萃取后的水溶液用盐酸酸化要完全,使呋喃甲酸能够充分游离出来,否则会因呋喃甲酸不能充分游离出来而影响产物收率。保证 pH 值为 2~3,或刚果红试纸变蓝。如清液层加盐酸后仍有浑浊出现,说明析出不足、酸化不够。

实验 28 苯频哪醇和苯频哪酮

1. 在制备苯频哪醇时，为什么要在二苯甲酮和异丙醇的混合液中滴加冰醋酸?

答 加冰醋酸是为了中和普通玻璃器皿中微量的碱，因为碱催化下苯频哪醇易裂解生成二苯甲酮和二苯甲醇。

2. 写出碱存在下苯频哪醇分解为二苯甲酮和二苯甲醇的反应机理。

答 可能的反应机理如下：

$$H_5C_6-\underset{C_6H_5}{\overset{OH}{C}}-\underset{C_6H_5}{\overset{OH}{C}}-C_6H_5 \xrightarrow{OH^-} H_5C_6-\underset{C_6H_5}{\overset{OH}{C}}-\underset{C_6H_5}{\overset{O^{\ominus}}{C}}-C_6H_5 \longrightarrow (H_5C_6)_2\overset{\ominus}{C}-OH + (H_5C_6)_2C{=}O$$

$$(H_5C_6)_2\overset{\ominus}{C}-OH \xrightarrow{H_2O} (H_5C_6)_2CHOH + OH^-$$

3. 写出苯频哪醇在酸催化下重排为苯片呐酮的反应机理。

答 反应机理如下：

$$H_5C_6-\underset{C_6H_5}{\overset{OH}{C}}-\underset{C_6H_5}{\overset{OH}{C}}-C_6H_5 \xrightarrow{H^+} H_5C_6-\underset{C_6H_5}{\overset{\overset{+}{O}H_2}{C}}-\underset{C_6H_5}{\overset{OH}{C}}-C_6H_5 \xrightarrow{-H_2O} H_5C_6-\underset{C_6H_5}{\overset{+}{C}}-\underset{C_6H_5}{\overset{OH}{C}}-C_6H_5 \longrightarrow$$

$$H_5C_6-\overset{C_6H_5}{C}-\overset{OH}{C}-C_6H_5\ (\text{桥连苯鎓离子}) \longrightarrow \left[H_5C_6-\underset{C_6H_5}{\overset{C_6H_5}{C}}-\overset{OH}{\underset{+}{C}}-C_6H_5 \rightleftharpoons H_5C_6-\underset{C_6H_5}{\overset{C_6H_5}{C}}-\overset{\overset{+}{O}H}{\overset{\|}{C}}-C_6H_5 \right] \xrightarrow{-H^+}$$

$$H_5C_6-\underset{C_6H_5}{\overset{C_6H_5}{C}}-\overset{O}{\overset{\|}{C}}-C_6H_5$$

4. 在紫外光照射下二苯甲酮和二苯甲醇的混合物能否生成苯频哪醇？写出其反应机理。

答 能。反应机理如下：

$$(C_6H_5)_2C{=}O + (C_6H_5)_2CHOH \xrightarrow{h\nu} 2\,(C_6H_5)_2\dot{C}{-}OH \longrightarrow H_5C_6{-}\underset{C_6H_5}{\overset{OH}{C}}{-}\underset{C_6H_5}{\overset{OH}{C}}{-}C_6H_5$$

实验29 苯亚甲基苯乙酮

1. 为什么本实验的主要产物不是苯乙酮的自身缩合或苯甲醛的坎尼扎罗反应？

答 因为苯乙酮的自身缩合空间位阻比较大，而苯甲醛发生坎尼扎罗反应需要在更高浓度的碱（40%的 NaOH）中进行。

2. 在本实验中，如何避免副反应的发生？

答 先将苯乙酮与碱混合，控制低温，防止苯乙酮自身缩合；采取控制低温与搅拌，有利于发生交错羟醛缩合而防止歧化反应进行。

3. 在本实验中，苯甲醛与苯乙酮加成后为什么不稳定并会立即失水？

答 因为反应生成反式、共轭的烯烃。

实验30 肉 桂 酸

1. 简述制备肉桂酸的基本原理。若用苯甲醛和丙酸酐在无水丙酸钾存在下加热，其产物是什么？

答 普尔金反应如下：

$$C_6H_5{-}CHO + (CH_3CO)_2O \xrightarrow[140\sim180^\circ C]{CH_3CO_2K} C_6H_5{-}CH{=}CHCO_2H + CH_3CO_2H$$

反应是酸酐的 α－H 被碱夺取，使 α－C 成碳负离子，然后进攻苯甲醛的羰基碳。因此，

$$C_6H_5-CHO + (CH_3CH_2CO)_2O \xrightarrow[\triangle]{CH_3CH_2CO_2K} C_6H_5-CH=C(CH_3)CO_2H + CH_3CO_2H$$

2. 在制备肉桂酸时，所需的药品、仪器为什么都要进行预先处理？

答 制备肉桂酸所需的药品是苯甲醛和乙酸酐。

苯甲醛放久了，由于易被空气中的 O_2 氧化成苯甲酸，这不仅影响反应的顺利进行，而且苯甲酸混在产品中不易除尽，从而影响产品质量。故本实验所需要的苯甲醛要预先蒸馏，截取 170～180℃的馏分以供使用。

乙酸酐放久了，因吸湿水解成乙酸，故本实验所需要的乙酸酐也要在实验前进行重新蒸馏，截取 140℃的馏分以供使用。

此外，制备肉桂酸的仪器也要预先干燥。

3. 若芳醛和具有 $(R_2CHCO)_2O$ 结构的酸酐反应，能否得到 α,β-不饱和酸？为什么？

答 得不到 α, β-不饱和酸。因为所用的酸酐只含一个 α-H。

4. 在普尔金反应结束时，用水蒸气蒸馏能够除去何物？接着加入 10%的 NaOH 溶液起到什么作用？最后加入浓盐酸使反应混合物显酸性又是什么目的？

答 水蒸气蒸馏是为了除去未反应的苯甲醛，接着加 10%的 NaOH 溶液，是为了使生成物完全转变为水溶性的羧酸盐，以便于抽滤除去反应中生成的树脂类不溶物。最后加盐酸，使羧酸盐又变回到羧酸沉淀，与水分离。

实验 31 肥皂的制备

1. 熟猪油和茶油的不饱和度哪一个更大？如何通过实验确定？

答 茶油的不饱和度更大。可用同量的熟猪油和茶油，先加 CCl_4 予以溶解，然后分别逐滴加入 4%的 Br_2/CCl_4，振摇直至溴褪色为止。根据加入 Br_2/CCl_4 的滴数，就可以判断它们不饱和度的大小。

2. 什么是皂化反应？什么是皂化值？

答 油脂和碱(NaOH 和 KOH)溶液共热，生成甘油和脂肪酸的钠盐或钾盐的反应，称为皂化反应。

皂化值是指完全皂化 1 g 油脂所需要 KOH 的毫克数。

$$皂化值=56.1\,NV/G$$

其中，N 为 KOH 的当量浓度；G 为油脂的重量(单位为克)；V 为 KOH 的体积(单位为毫升)；56.1 是 KOH 的分子量。

3. 在制备肥皂的过程中，为什么要加入乙醇？

答 因为油脂既不溶于水，也不溶于 NaOH 溶液，若两者加在一起，则各呈一相，反应只能在两相界面处进行，反应效果很差。而且乙醇既可溶解油脂，也能与 NaOH 水溶液混溶，所以，乙醇作为油脂和 NaOH 溶液的互溶剂，可以使反应混合物变成均相体系，以加速皂化反应完成。

4. 怎样确定皂化反应是否完全？皂化完成后，为什么要把反应混合液倒入食盐水中？

答 取几滴皂化液放入试管中，加 2～5 滴蒸馏水，加热并不断振摇。如果这时没有油滴游离出，则表示皂化已经完全；如果皂化尚未完全，则需将油脂继续皂化，再次检验。

皂化完全后，将反应混合液倒入食盐水中是利用盐析原理，破坏肥皂的水化层，减少肥皂的溶解度，以便肥皂呈固体析出，便于过滤和成型。

5. 制皂反应的副产物是甘油，如何通过实验检验和分离出甘油？

答 甘油的检验方法如下：

(1) 加入新制的 $Cu(OH)_2$(在 $CuSO_4$ 溶液中加 NaOH 溶液)，产生绛蓝色沉淀，证明有甘油生成。

(2) 先加入 HIO_4 溶液，之后加 $AgNO_3$，有白色沉淀产生，也证明有甘油生成。

甘油的分离方法如下：由于溶液中除含甘油外，还有乙醇、NaCl 和水，可利用它们的沸点不同(乙醇为 78℃，甘油为 290℃，水为 100℃，NaCl 的沸点很高)，通过蒸馏方法分离出甘油。

6. 简述肥皂的去污原理。

答 肥皂的主要成分是高级脂肪酸的钠盐或钾盐，其中的烃基是非极性的憎水部分，而羧酸根是极性的亲水部分。在水中，其亲水部分插入水中，憎水部分被排出水面外，从而降低了水分子之间的引力，即降低了水的表面张力；同时，在水面外的憎水烃基靠范德华引力靠在一起，而亲水基团则包在外面与水相连接，形成一粒一粒的胶束。如遇到油污，其憎水部分就进入油滴内，而亲水部分伸在油滴外面的水中，形成稳定的乳浊液。由于水表面张力的降低，使油质较易被润湿，并使油污与它的附着物(纤维)逐渐分开，受机械振动，脱离附着物分散成细小乳浊液，随水漂洗而去。

实验32 从茶叶中提取咖啡因

1. 本实验为何采用升华法提纯而不采用重结晶法提纯?

答 重结晶是利用固体混合物中目标组分在某种溶剂中的溶解度随温度变化有明显差异，在较高温度下溶解度较大，降低温度时溶解度变小，从而能实现分离提纯。

一般重结晶只能纯化杂质在5%以下的固体有机物。如果杂质含量过高，往往需要先经过其他方法初步提纯，如萃取、水蒸气蒸馏、减压蒸馏、柱层析等，然后再用重结晶方法提纯。

本实验中所提取的咖啡因在茶叶中的含量很少，只占1～5%，含有大量的其他有机物，如11%～12%的丹宁酸（鞣酸），0.6%的色素、纤维素、蛋白质等。乙醇提取后蒸去溶剂，所得的粗咖啡因中含有我们需要的产品（咖啡因）少量，不符合“重结晶只能纯化杂质在5%以下的固体有机物”的要求，所以，不能用重结晶的方法进行提纯。而且咖啡因在100℃以上时即失去结晶水，并开始升华，在120℃时升华显著，可利用升华法进一步提纯。

2. 索氏提取器的原理是什么?

答 索氏抽取器又称索氏脂肪提取器或脂肪抽出器，利用溶剂回流和虹吸原理，固体物质每一次都能被纯的溶剂所萃取，因而效率较高。为增加液体浸溶的面积，萃取前应先将物质研细，用滤纸套包好置于提取器中，提取器下端接盛有萃取剂的烧瓶，上端接冷凝管。当溶剂沸腾时，冷凝下来的溶剂滴入提取器中，待液面超过虹吸管上端后，即虹吸流回烧瓶，因而萃取出溶于溶剂的部分物质。利用溶剂回流和虹吸作用，使固体中的可溶物质富集到烧瓶中，提取液浓缩后，将所得固体进一步提纯。

3. 本实验中加入生石灰起到什么作用?

答 生石灰的作用除吸水外，可以中和提取物中的鞣酸、丹宁酸等酸性物质，并使本来以盐的形式存在的咖啡因转变为游离碱，便于升华。

4. 在使用索氏提取器时，对包装茶叶末有哪些要求?

答 用滤纸包茶叶末时要严实，防止茶叶末漏出堵塞虹吸管；其高度不要超过虹吸管，否则提取时，高出虹吸管的那部分就不能浸在溶剂中，提取效果就不好。

纸袋的粗细应和提取器内筒大小相适，太细则在提取时会漂起来；太粗则会装不进去，即使强行装进去，由于装得太紧，溶剂不好渗透，提取效果不好，甚至不能虹吸。

实验33 从槐米中提取芦丁

1. 为什么从槐米中提取芦丁时一开始不能加冷水慢慢煮沸，而是要直接加沸水提取？在本实验中如何避免发生副反应？

答 避免在提取过程中黄酮苷类化合物发生分解，故用沸水事先破坏其酶的活性。

2. 加入硼砂有什么目的？

答 保护芦丁分子中的邻二酚羟基不被氧化，保护邻二酚羟基不与钙离子络合，使芦丁不受损失。

3. 为什么要加入石灰水？在芦丁的提取中能够起到什么作用？酸沉淀 pH 值为什么不宜过低？

答 本实验采用碱溶液酸沉法从槐米中提取芦丁，收率稳定，且操作简便。在提取前应注意将槐米捣碎，使芦丁易于被热水溶出。槐花中含有大量黏液质，加入石灰乳使生成钙盐沉淀除去。pH 值应严格控制为 8～9，不得超过 10。因为在强碱条件下煮沸，时间稍长可促使芦丁水解破坏，使提取率明显下降。酸沉淀时 pH 值应为 4～5，不宜过低，否则会使芸香苷成𬭩盐溶于水，降低了收率。

实验34 有机化合物的元素定性分析

1. 在检验 N, S, X 等元素时，为什么要用钠熔法？

答 有机物分子中原子间一般都是以共价键结合的，共价键的键能较大，很难在水中离解成相应的离子。只有通过钠熔等方法，才能使有机物的共价键被破坏转变成无机离子。通过对无机离子的分析，达到对化合物的元素定性分析的目的。

2. 在进行钠熔操作时，应该注意哪些问题？

答 (1) 使用的试管要洁净干燥。

(2) 加热钠粒时，当钠蒸气上升约 2 cm 时，移去热源，立即用纸槽加入试样，尽可能不沾在试管壁上。

(3) 加热温度要高，要使试管底部烧至紫红色。

(4) 无论加样还是爆裂钠熔的试管，为了安全，脸都不要直对试管口或烧杯口。

3. 在切取金属钠时，应该注意哪些问题？

答 (1) 要用镊子从煤油中取钠块，不能用手也不能接触到水。

(2) 用洁净干滤纸吸干钠表面的煤油，用刀刮去钠表面的氧化膜，切取具有光泽的钠粒。

(3) 切下的氧化膜及剩余的钠块、钠屑应放回煤油中，不能乱丢。

(4) 切钠、取钠的整个过程，操作要迅速，不能让其在空气中暴露太久。

4. 用钠熔法处理固体试样所得的溶液呈什么颜色？有什么原因会引起钠熔不完全？

答 用钠熔法处理固体试样所得的溶液应该是无色的。如钠熔不完全，则呈棕色。钠熔不完全，可能是由下列原因引起：

(1) 钠粒太小而样品相对较多，难以使固体样品完全分解。

(2) 加入样品时，样品沾在试管壁上，不能充分与钠蒸气接触。

(3) 加热温度不够高，未使试管底部烧红。

5. 用醋酸铅试纸测定硫时，为何要在钠溶液中先加 20%的醋酸？

答 因为钠溶液是碱性的，加醋酸酸化后，钠溶液中的 S^{2-} 才会转化为 H_2S，加热时逸出的 H_2S 与醋酸铅试纸接触。可见加醋酸可使试验简便、现象明显。

6. 在鉴定氮时，在钠熔液中加 NaOH 溶液并煮沸的目的是什么？

答 第一个目的是除去钠熔液中的硫，否则会影响氮的鉴定。

$$FeSO_4 + 2NaOH \longrightarrow Fe(OH)_2 + Na_2SO_4$$

$$Fe(OH)_2 + Na_2S \longrightarrow FeS\downarrow(\text{黑色}) + 2NaOH$$

第二个目的是有利于亚铁氰化盐的生成。

$$Fe(OH)_2 + 6NaCN \longrightarrow Na_4[Fe(CN)_6] + 2NaOH$$

第三个目的是部分 Fe^{2+} 在碱性溶液中煮沸时被氧化成 Fe^{3+}，有助于普鲁氏蓝的生成。

$$4Fe(OH)_2 + O_2 + 2H_2O \longrightarrow 4Fe(OH)_3$$

7. 在鉴定氮时，为什么加入 10%的硫酸使 $Fe(OH)_3$ 沉淀恰好溶解为止？

答 因为酸太多会影响普鲁氏蓝的生成。

8. 在鉴定氮时，若呈负反应(普鲁氏蓝现象不明显)，这可能是什么原因？能否用其他方法鉴定？

答 这可能是由于钠粒小、样品多、钠熔不完全造成的。

若未知样品已证明含硫，可通过检验是否含 SCN^- 来鉴定氮。具体方法如下：取 1 mL 含硫的钠熔液，加 5%的盐酸酸化，再滴加 1%的 $FeCl_3$。若溶液出现血红色，即表示 SCN^- 存在，也可证明含氮。

$$3NaSCH+FeCl_3 \longrightarrow Fe(SCH)_3(\text{血红色})+3NaCl$$

9. 在鉴定卤素时，若钠溶液中含氮和硫时，应先加硝酸酸化、煮沸，这是为什么？

答 加硝酸酸化、煮沸的目的，是为了除去氮和硫，否则将影响卤素的鉴定。

$$S^{2-}+2H^+ \longrightarrow H_2S\uparrow$$

$$CN^-+H^+ \longrightarrow HCN\uparrow$$

10. 在钠溶液中直接滴加5%的 $AgNO_3$ 溶液有沉淀时，能否断定未知样品中含卤素？怎样通过试验来确证钠溶液中含有溴和碘？

答 不能断定未知样中是否含卤素。因为未知试样中若含氮和硫而又未除去的话，加 $AgNO_3$ 时 S^{2-}、CN^- 也能产生沉淀。

$$2Ag^++S^{2-} \longrightarrow Ag_2S\downarrow(\text{灰黑色})$$

$$Ag^++CN^- \longrightarrow AgCN\downarrow(\text{白色})$$

要鉴定钠溶液中是否含溴和碘，可操作如下：

取少量钠溶液用 1∶3 的稀硝酸酸化，煮沸 1 min。冷却后加少量 CCl_4 溶液，并逐滴滴加氯水。如果 CCl_4 层显紫色，则表示有碘存在；若继续滴加氯水，紫色褪去而转变为黄色或橙黄色，则表示有溴。

实验35　未知物的鉴定(醛、酮、醇)

1. 有哪些醛酮能与饱和 $NaHSO_3$ 溶液呈阳性反应？其加成产物是什么？在此加成产物中加稀酸或稀碱，会有什么现象发生？此类反应有何实际用途？

答 与饱和 $NaHSO_3$ 溶液呈阳性反应的醛酮有醛类、脂肪族甲基酮和小于 C_8 的环酮。其加成产物是 α-羟基磺酸钠。在此加成物中加稀酸或稀碱时，α-羟基磺酸钠将分解成原来的醛和酮。

由于α-羟基磺酸钠不溶于饱和 $NaHSO_3$ 溶液而结晶析出，可以与其他不反应的物质分离，故此反应可用来区别和提纯醛类、脂肪族甲基酮和小于C8的环酮类。另外，可用其与NaCN反应制得α-羟基腈，避免醛酮与剧毒的HCN反应制取α-羟基腈。

2. 能与2,4-二硝基苯肼试剂呈阳性反应的是哪些物质？其阳性反应的现象是什么？

答 2,4-二硝基苯肼是羰基试剂，凡具有与醛酮相同的羰基化合物都可呈阳性反应。其阳性反应的现象是得到黄至橙红色沉淀。

3. 在少量丙酮中滴加2,4-二硝基苯肼试剂，温热会有什么现象产生？继续往混合物中加入丙酮，又会有什么现象产生？试解释其原因。

答 在少量丙酮中滴加2,4-二硝基苯肼试剂，温热时有黄色沉淀产生，继续加丙酮则沉淀会溶解。

$$(CH_3)_2C{=}O + H_2NHN{-}C_6H_3(NO_2)_2 \xrightarrow{\triangle} (CH_3)_2C{=}NHN{-}C_6H_3(NO_2)_2$$

丙酮是一种较好的溶剂，可以溶解生成的丙酮-2,4-二硝基苯腙。

4. 在醛酮的卤仿试验中，为什么不选用氯、溴而选用碘？配制碘试剂时，为什么要加KI？

答 因为氯或溴的碱溶液与具有 CH_3CO^- 结构的醛酮反应，产生的氯仿和溴仿均为无色透明的液体，实验中难以分辨是否发生阳性反应；而碘的碱溶液与具有 CH_3CO^- 结构的醛酮反应，产生的碘仿是具有刺激性气味的黄色固体，实验中容易观察到是否发生阳性反应。

由于碘在水里的溶解度小，但能与 I^- 生成 I_3^- 而溶解。

$$I_2 + I^- \rightleftharpoons I_3^-$$

随着反应的进行，溶液中碘浓度降低，上述平衡向右移动，所以，碘溶解在KI溶液中就能保证反应所需的足够量的碘。配制碘试剂时，通常是将碘溶解在KI溶液中。

5. 在市售的丙酮中往往含有少量的乙醛杂质，应如何除去？其依据是什么？

答 可在含醛的丙酮中加少量 $KMnO_4$ 固体，直至加热回流时紫色不褪。然后蒸馏，收集在丙酮沸点范围左右的馏分，便可将乙醛从丙酮中除去。其依据如下：

(1) 室温下，乙醛能被 $KMnO_4$ 氧化成乙酸，而丙酮却不能被氧化。

(2) 蒸馏时，由于丙酮的沸点(56℃)比乙酸的沸点(118℃)低得多，所以先出来的是丙酮。

6. 多伦试剂是什么？为什么在市面上买不到配制好的多伦试剂，而要现配现用？多伦试剂应该如何配制？

答 多伦试剂是 $AgNO_3$ 的氨溶液，主要成分为 $Ag(NH_3)_2^+$。因为多伦试剂久置后，会析出 Ag_3N 沉淀，受振动后会爆炸分解，有时潮湿的 Ag_3N 也会爆炸。因此，多伦试剂不宜保存，应现配现用。

配制方法：在洁净的大试管中加 5%的 $AgNO_3$ 溶液 2 ml，振荡下逐滴加入浓氨水，开始溶液会有棕色沉淀产生，继续滴加氨水，直到沉淀恰好溶解为止。

7. 多伦试剂有何用途？配制多伦试剂时，为什么不能加入过量的氨水？与多伦试剂呈阳性反应是何现象？

答 多伦试剂的主要用途是鉴别醛类(有时也可以用于鉴定末端炔烃和还原性糖)。配制多伦试剂时，若加过量的氨水，将会生成雷酸银(AgONC)，而 AgONC 受热时发生爆炸。另外，过量的氨水也会影响试剂的灵敏度。

多伦试剂显阳性反应，是产生发亮的银镜或黑色银的沉淀(末端炔烃得到白色的炔银沉淀)。

8. 多伦试验结束后，剩余的多伦试剂和反应混合液应该如何处理？试管壁所附着的银镜应该如何除去？

答 为防止生成易爆炸的 Ag_3N 和 AgONC，多伦试验结束后，必须及时用大量的水将剩余的多伦试剂和反应混合液冲入下水道，以防事故的发生。试管壁所附着的银镜，可加少许硝酸溶液浸泡或温热予以消除。

9. 当用多伦试剂与醛类反应制备银镜时，应该注意什么？

答 所用玻璃器皿应无还原性物质。为此，可依次用温热的浓硝酸、水、蒸馏水洗净，也可以依次用温热的浓硫酸、水、10%的 NaOH 溶液、水、蒸馏水洗净。

10. 试述与下列试剂呈阳性反应的物质结构单元：

(1)2,4-二硝基苯肼试剂；(2)品红醛试剂；(3)多伦试剂。

答 (1) 与 2,4-二硝基苯肼呈阳性反应的是具有醛酮羰基的化合物。

(2) 与品红醛试剂呈阳性反应的主要是含醛基的一些化合物。

(3) 与多伦试剂呈阳性反应的主要是含醛基的一些化合物和具有半缩醛(酮)结构的化合物，如还原糖。末端炔烃与之生成白色炔银沉淀，也是阳性反应。

11. 试述能与下列试剂呈阳性反应的物质：

(1)I_2－KI/NaOH；(2)$HCrO_4$ 试剂；(3)饱和 $NaHSO_3$ 溶液。

答 (1) I_2－KI/NaOH 试剂可用来鉴定具有

$$-\overset{|}{\underset{|}{C}}-\overset{\overset{\displaystyle O}{\|}}{C}-CH_3 \quad 和 \quad -\overset{|}{\underset{|}{C}}-\overset{\overset{\displaystyle OH}{|}}{\underset{\underset{\displaystyle H}{|}}{C}}-CH_3$$

结构的化合物。

(2) $HCrO_4$ 试剂可用来鉴定醛类以及具有 α－H 的醇。

(3) 饱和 $NaHSO_3$ 溶液用来鉴定醛、脂肪族甲基酮和少于 C_8 的环酮。

12. 用醛酮性质实验中的方法，以最少的试剂和实验次数区别下列两组化合物：

(1) 第一组：1－戊醇(A)，2－戊醇(B)，2－甲基－2－丁醇(C)，2－戊酮(D)；

(2) 第二组：甲醇(A)，乙醇(B)，甲醛水溶液(C)，乙醛水溶液(D)，丙酮(E)，3－戊酮(F)。

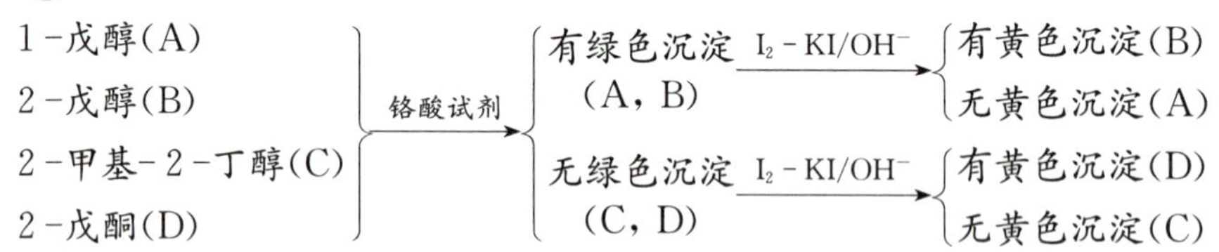

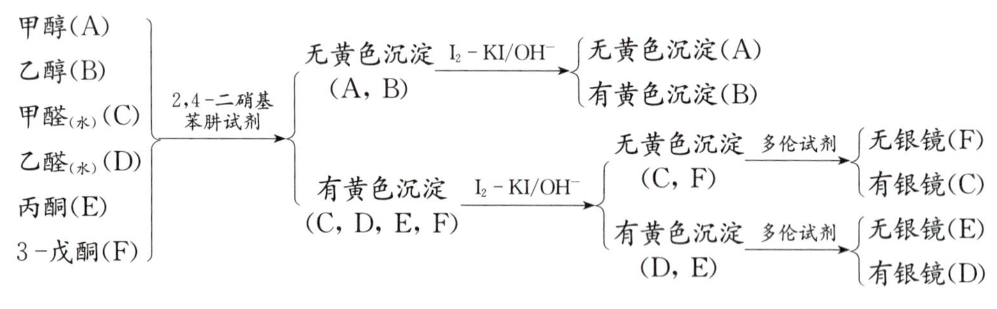

实验 36 糖类的鉴定

1. 什么叫还原糖和非还原糖？在葡萄糖、果糖、麦芽糖、乳糖、纤维二糖、淀粉和纤维素等物质中，哪些是还原糖？哪些是非还原糖？

答 含有半缩醛(酮)结构、能使本尼迪克试剂和多伦试剂还原的糖称为还原糖。葡萄糖、果糖、麦芽糖、乳糖和纤维二糖均属于还原糖。不含有半缩醛(酮)结构、不能使本尼迪克试剂和多伦试剂还原的糖称为非还原糖。蔗糖就属于非还原糖。淀粉、纤维素分子中虽然也有半缩醛羟基，但由于它在分子中所占比例太小，不能被弱氧化剂(如本尼迪克试剂)氧化，所以，也属于非还原糖。

2. 蔗糖属于非还原性糖，但是当蔗糖与班氏试剂长时间共热时也会发生阳性反应。试解释其原因。

答 蔗糖是由D-(+)-葡萄糖和D-(—)-果糖残基以α-糖苷键相连的非还原性双糖。但在碱性介质中(如本尼迪克试剂中)，经长时间加热会水解成D-(+)-葡萄糖和D-(—)-果糖，它们都是还原性单糖，故当蔗糖与本尼迪克试剂长时间共热时，也会发生阳性反应。

3. 为什么多伦试剂可以区别醛和酮，却不能区别葡萄糖(醛糖)和果糖(酮糖)?

答 因为葡萄糖和果糖均含有还原性的半缩醛羟基，所以，均能与多伦试剂呈阳性反应。葡萄糖和果糖无法用多伦试剂来区别。

4. 斐林试剂、班氏试剂均不能氧化酮类，为什么能氧化酮糖?

答 由于在碱性介质中，酮糖可用通过异构化转变为醛糖，斐林试剂、本尼迪克试剂能氧化酮糖。

5. 糖醛形成反应试剂是什么? 哪些物质能与其发生阳性反应? 其现象是什么?

答 糖醛形成反应试剂是α-萘酚的酒精溶液。能发生阳性反应的物质主要是糖类。现象是在浓硫酸存在下产生紫色环。

6. 胶淀粉水溶液中加碘试剂，会有何现象? 此时加热溶液有何现象? 接着冷却又有何现象? 解释整个变化过程。

答 胶淀粉水溶液中加碘试剂时，溶液变蓝色。加热时蓝色褪去，冷却时蓝色又重现。因为胶淀粉中有相当部分的直链淀粉，直链淀粉靠羟基间内氢键作用形成螺旋柱中的空间，其大小恰好适合 I_3^- 进入。由于分子间的引力，淀粉与 I_3^- 构成“包含物”而显蓝色。加热时，由于破坏了内氢键，螺旋结构变为直链，同时，“包含物”结构也被破坏，故蓝色消失。但在冷却时，随着螺旋结构形成，“包含物”结构也在形成，故蓝色重现。

7. 通过淀粉水解实验，能够对酶的生物活性有何理解?

答 从淀粉水解实验中可以看出：化学反应(如淀粉酸性水解)常需要加热、加催化剂等，且反应较慢。而酶参与的反应，通常可以在较低温度(约

40℃)、很短时间内完成。

8. 如何鉴定酮糖的存在?

答 用间苯二酚-盐酸试剂加入试样中,沸水浴加热 1~2 min(加热时间不能超过 20 min,盐酸和试样的浓度不超过 12%)。若有鲜红色沉淀则为酮糖,否则就不是酮糖。

9. 具有何种结构的酮糖才会形成糖脎?如何利用糖的成脎反应区别不同的糖?

答 具有 α-羟基羰基结构的糖与过量苯肼反应,才会形成脎。利用能否成脎、成脎快慢、脎的晶形,可以区别一些糖。不能用成脎反应来区别葡萄糖和甘露糖,是因为它们生成的是同一种糖脎,且成脎速度非常接近。

10. 制备糖脎时应该注意什么问题?

答 (1) 苯肼有毒,取用时要小心,切勿接触皮肤。一旦触及皮肤,应用稀醋酸清洗,然后用水冲洗。

(2) 为了比较生成脎的快慢,各种样品及试剂的用量应相同,加热温度要相同。

(3) 为防止加热时苯肼挥发,应加塞或用棉花塞住试管口。但不能塞得太紧,以免加热时溶液冲出来。

(4) 双糖的糖脎易溶于热水中,要冷却后才能析出。

11. 现有甘油、乙醛、葡萄糖和淀粉 4 种水溶液,试用一种试剂加以鉴别。

答

甘油(A)、乙醛(B)、淀粉(C)、葡萄糖(D) —新制 $Cu(OH)_2$→
- 有绛蓝色(A, D) —△→ 有砖红色沉淀(D);无砖红色沉淀(A)
- 无绛蓝色(B, C) —△→ 有砖红色沉淀(B);无砖红色沉淀(C)

12. 纤维素与混酸作用生成什么物质?发生何种反应?

答 生成硝酸纤维素酯($[C_6H_7O_2(ONO_2)_3]n$)。因纤维素分子含有游离羟基,具有醇的性质,能与酸发生酯化反应。

13. 试设计鉴别果糖、蔗糖、葡萄糖和麦芽糖的试验方案。

答

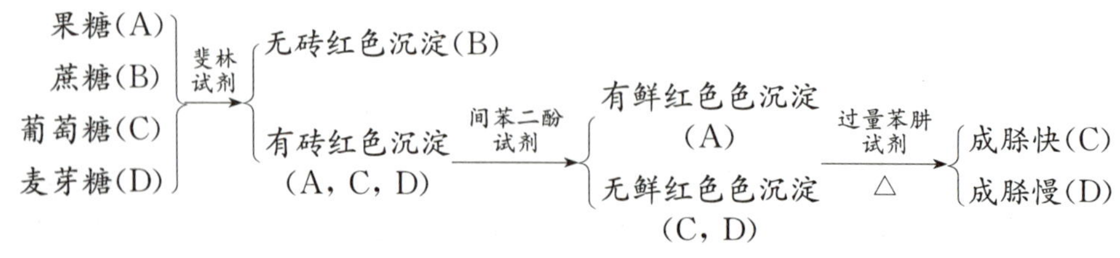

附　录

附录 1　常见元素名称符号和相对原子质量

名称	符号	相对原子质量	名称	符号	相对原子质量	名称	符号	相对原子质量
银	Ag	107.87	氟	F	18.998	钠	Na	22.99
铝	Al	26.98	铁	Fe	55.845	镍	Ni	58.69
金	Au	196.966	氢	H	1.008	氧	O	15.999
硼	B	10.81	汞	Hg	200.59	磷	P	30.97
钡	Ba	137.33	碘	I	126.904	铅	Pb	207.20
溴	Br	79.90	钾	K	39.10	钯	Pd	106.40
碳	C	12.01	锂	Li	6.941	铂	Pt	195.08
钙	Ca	40.08	镁	Mg	24.31	硫	S	32.07
氯	Cl	35.45	锰	Mn	54.938	硅	Si	28.086
铬	Cr	51.996	钼	Mo	95.96	锡	Sn	118.71
铜	Cu	63.55	氮	N	14.007	锌	Zn	65.38

附录 2　常用有机溶剂的沸点、密度

名称	沸点(℃)	密度 ($g \cdot ml^{-1}$)	名称	沸点(℃)	密度 ($g \cdot ml^{-1}$)
甲醇	65.0	0.791 4	苯	80.1	0.878 7
乙醇	78.3	0.789 3	甲苯	110.6	0.866 9
乙醚	34.5	0.713 8	苯酚	181.7	1.057 6
乙腈	81.6	0.785 4	硝基苯	210.8	1.203 7
乙酸	117.9	1.049 2	氯苯	132.2	1.105 8
乙酐	140.0	1.087 0	二氯甲烷	39.8	1.325 6
乙酸乙酯	77.1	0.900 3	氯仿	61.7	1.483 2
乙酸甲酯	56.8	0.933 0	四氯化碳	76.5	1.594 0
丙酮	56.2	0.789 9	1,2-二氯乙烷	83.4	1.253 1
丙酸甲酯	79.7	0.915 0	二硫化碳	46.3	1.266 1
丙酸乙酯	99.1	0.891 7	二甲亚砜	189.0	1.095 4
二氧六环	101.1	1.033 7	正丁醇	117.6	0.814 8
N,N-二甲基甲酰胺	152.8	0.948 7	N,N-二甲基乙酰胺	166.1	0.881 0

附录 3　常用化学试剂级别的分类

我国的试剂规格基本上按纯度(杂质含量的多少)划分,共有高纯试剂、光谱纯试剂、基准试剂、分光纯试剂、优级纯试剂、分析纯试剂和化学纯试剂等。

国家和主管部门颁布质量指标的主要为优级纯试剂、分级纯试剂、化学纯试剂和实验试剂 4 种。

(1) 优级纯试剂(GR: Guaranted Reagent),又称一级品或保证试剂(99.8%),这种试剂纯度最高,杂质含量最低,适合于重要精密的分析工作和科学研究工作。使用绿色瓶签。

(2) 分析纯试剂(AR: Analytical Reagent),又称二级试剂,纯度很高(99.7%),略次于优级纯,适合于重要分析及一般研究工作。使用红色瓶签。

(3) 化学纯试剂(CP：Chemical Pure)，又称三级试剂(≥99.5%)，纯度与分析纯相差较大，适用于工矿、学校一般分析工作。使用蓝色(深蓝色)标签。

(4) 实验试剂(LR：Laboratory Reagent)，又称四级试剂。

除了上述4个级别外，目前市场上还有基准试剂、光谱纯试剂、高纯试剂的常用提法。

(1) 基准试剂(PT：Primary Reagent)，专门作为基准物用，可直接配制标准溶液。

(2) 光谱纯试剂(SP：Spectrum Pure)，表示光谱纯净。光谱纯试剂是以光谱分析时出现干扰谱线的数目及强度来衡量的，杂质含量用光谱分析法已测不出或杂质含量低于某一限度标准，因此，有时主成分达不到99.9%以上。使用时必须注意，特别是作基准物时必须进行标定。

(3) 高纯试剂，纯度远高于优级纯的试剂叫做高纯试剂(≥99.99%)。高纯试剂是在通用试剂的基础上发展起来的，它是为了专门的使用目的而用特殊方法生产的纯度最高的试剂。它的杂质含量要比优级纯试剂高出多个数量级。因此，高纯试剂特别适用于痕量分析。目前，除对少数产品制定了国家标准外(如高纯硼酸、高纯冰乙酸等)，大部分高纯试剂的质量标准还很不统一，在名称上有高纯、特纯、超纯等不同的叫法。

目前，国外试剂厂生产的化学试剂的规格趋向于按用途分类，常见的包括：生化试剂(BC：Biochemical)、生物试剂(BR：Biological Reagent)、生物染色剂(BS：Biological Stain)、络合滴定用(FCM：For Complexometry)、色谱分析用(FCP：For Chromatography)、红外吸收(IR：Infrared Radiation)、核磁(NMR：Nuclear Magnetic Resonance)等。

附录4　常用有机溶剂的纯化

有机化学实验离不开溶剂，溶剂不仅作为反应介质使用，而且在产物的纯化和后处理中也经常使用。市售的有机溶剂有工业纯、化学纯和分析纯等各种规格，纯度愈高，价格愈贵。在有机合成中，常常根据反应的特点和要求，选用适当规格的溶剂，以便能够使反应顺利进行而又符合勤俭节约的原则。某些有机反应(如格林尼亚反应等)，对溶剂要求较高，即使微量杂质或水分存在，也会对反应速率、产率和纯度带来一定的影响。由于有机合成中使用溶剂的量都比较大，若仅依靠购买市售纯品，不仅价值较高，有时也不一定能满足反应的要求。因此，了解有机溶剂性质及纯化方法，是十分重要的。有机溶剂的纯化，是有机合成工作的一项基本操作。这里介绍市售的普通溶剂在实验室条件下常用的纯化方法。

1. 无水乙醇(absolute ethyl alcohol)

b. p. =78.5℃，n_D^{20}=1.361 1，d_4^{20}=0.789 3。

市售的无水乙醇一般只能达到99.5%的纯度，在许多反应中需用纯度更高的无水乙醇，经常需自己制备。通常工业用95.5%的乙醇不能直接用蒸馏法制取无水乙醇，因为95.5%的乙醇和4.5%的水形成恒沸点混合物。要把水除去，第一步是加入CaO(生石灰)煮沸回流，使乙醇中的水与生石灰作用生成$Ca(OH)_2$，然后再将无水乙醇蒸出。这样得到的无水乙醇纯度最高约为99.5%。纯度更高的无水乙醇可用金属镁或金属钠进行处理。

(1) 无水乙醇(含量99.5%)的制备。

具体操作详见本书实验11。

(2) 无水乙醇(含量99.95%)的制备。

① 用金属镁制取：在250 mL的圆底烧瓶中，放置0.6 g干燥纯净的镁条、10 mL的99.5%的乙醇。装上回流冷凝管，并在冷凝管上端加一只无水$CaCl_2$干燥管。在沸水浴或用火直接加热使达微沸，移去热源，立刻加入几粒碘片(此时注意不要振荡)，顷刻即在碘粒附近发生作用，最后可以达到相当剧烈的程度。有时作用太慢则需加热，如果在加碘之后作用仍不开始，则可再加入数粒碘(一般乙醇与镁的作用是缓慢的，如所用乙醇的含水量超过0.5%，则作用更加困难)。待全部镁作用完毕，加入100 mL的99.5%的乙醇和几粒沸石。回流1 h，蒸馏，产物收存于玻璃瓶中，用一橡皮塞或磨口塞塞住。

② 用金属钠制取：实验装置和实验操作同①。在250 mL圆底烧瓶中，放置2 g金属钠和100 mL纯度至少为99%的乙醇，加入几粒沸石。加热回流30 min后，加入4 g邻苯二甲酸二乙酯，再回流10 min。取下冷凝管，改成蒸馏装置，按收集无水乙醇的要求进行蒸馏。产品储存于带有磨口塞或橡皮塞的容器中。

注意 加入邻苯二甲酸二乙酯的目的，是利用它和NaOH进行如下反应：

$$Na + C_2H_5OH \longrightarrow C_2H_5ONa + H_2$$

$$C_2H_5ONa + H_2O \longrightarrow C_2H_5OH + NaOH$$

$$C_6H_4(CO_2C_2H_5)(CH_2C_2H_5) + NaOH \longrightarrow C_6H_4(CO_2Na)_2 + C_2H_5OH$$

因此，消除了 NaOH，促使乙醇钠再和水作用，这样制得的乙醇可以达到很高的纯度。

2. 无水乙醚(absolute ether)

b. p. =34.5℃，n_D^{20}=1.3526，d_4^{20}=0.71378。

普通乙醚中含有一定量的水、乙醇及少量过氧化物等杂质，这对于要求以无水乙醚作溶剂的反应(如格林尼亚反应)来说，不仅影响反应的进行，且易发生危险。试剂级的无水乙醚往往不合要求，且价格较贵，因此，在实验中常需自行制备。制备无水乙醚时，首先要检验有无过氧化物。为此取少量乙醚与等体积的2%的 KI 溶液，加入几滴稀盐酸一起振摇，若能使淀粉溶液呈紫色或蓝色，即证明有过氧化物存在。除去过氧化物可新配制 $FeSO_4$ 溶液，除水可用浓硫酸。具体操作详见实验 12。

3. 无水甲醇(absolute methyl alcohol)

b. p. =64.96℃，n_D^{20}=1.3288，d_4^{20}=0.7914。

市售甲醇系由合成而来，含水量为 0.5%～1%。由于甲醇和水不能形成共沸点的混合物，为此可借高效的精馏柱将少量水除去。精制甲醇含有 0.02%的丙酮和 0.1%的水，一般已可应用。如要制得无水甲醇，可用镁的方法(参见“无水乙醇”的内容)。若含水量低于 0.1%，亦可用 3A 或 4A 型分子筛干燥。甲醇有毒，处理时应避免吸入其蒸气。

4. 苯(benzene)

b. p. =80.1℃，n_D^{20}=1.5011，d_4^{20}=0.87865。

普通苯含有少量的水(可达 0.02%)，由煤焦油加工得来的苯还含有少量噻吩(沸点 84℃)，不能用分馏或分步结晶等方法分离除去。为制得无水无噻吩的苯，可采用下列方法：在分液漏斗内将普通苯及相当苯体积 15%的浓硫酸一起振荡，振荡后将混合物静置，弃去底层的酸液，再加入新的浓硫酸，这样重复操作直至酸层呈现无色或淡黄色，且检验无噻吩为止。分去酸层，苯层依次用水、10%的 Na_2CO_3 溶液、水洗涤，用 $CaCl_2$ 干燥，蒸馏，收集 80℃的馏分。若要高度干燥，可加入钠丝(参见“无水乙醚”的内容)进一步去水。由石油加工得来的苯，一般可省去除噻吩的步骤。

噻吩的检验如下：取 5 滴苯放入小试管中，加入 5 滴浓硫酸及 1～2 滴 1% 的 α，β-吲哚醌-浓硫酸溶液，振荡片刻。如溶液呈墨绿色或蓝色，表示有噻吩存在。

5. 丙酮(acetone)

b. p. =56.2℃，n_D^{20}=1.358 8，d_4^{20}=0.789 9。

普通丙酮中往往含有少量水及甲醇、乙醛等还原性杂质，可用下列方法精制：

(1) 在 100 mL 丙酮中加入 0.5 g 的 $KMnO_4$ 回流，以除去还原性杂质。若 $KMnO_4$ 溶液紫色很快消失，需要加入少量 $KMnO_4$ 继续回流，直至紫色不再消失为止。蒸出丙酮，用无水 K_2CO_3 或无水 $CaSO_4$ 干燥，过滤，蒸馏收集 55.0～56.5℃的馏分。

(2) 在 100 mL 丙酮中加入 4 mL 的 10%的 $AgNO_3$ 溶液及 35 mL 的 0.1 mol/L的 NaOH 溶液，振荡 10 min，除去还原性杂质。过滤，滤液用无水 $CaSO_4$ 干燥后，蒸馏收集 55.0～56.5℃的馏分。

6. 乙酸乙酯(ethyl acetate)

b. p. =77.06℃，n_D^{20}=1.372 3，d_4^{20}=0.900 3。

市售的乙酸乙酯中含有少量水、乙醇和醋酸，可用下述方法精制：

(1) 在 100 mL 乙酸乙酯中加入 10 mL 醋酸酐、1 滴浓硫酸，加热回流 4 h，除去乙醇及水等杂质，然后进行分馏。馏液用 2～3 g 无水 K_2CO_3 振荡干燥后蒸馏，最后产物的沸点为 77℃，纯度达 99.7%。

(2) 将乙酸乙酯先用等体积 5%的 Na_2CO_3 溶液洗涤，再用饱和 $CaCl_2$ 溶液洗涤，然后用无水 K_2CO_3 干燥后蒸馏。

7. 二硫化碳(carbon disulfide)

b. p. =46.25℃，n_D^{20}=1.631 89，d_4^{20}=1.266 1。

CS_2 为有较高毒性的液体(能使血液和神经中毒)，它具有高度的挥发性和易燃性，所以，在使用时必须十分小心，避免接触其蒸气。一般有机合成实验对 CS_2 要求不高，可在普通 CS_2 中加入少量研碎的无水 $CaCl_2$，干燥后滤去干燥剂，然后在水浴中蒸馏收集。

若要制得较纯的 CS_2，则需将试剂级的 CS_2 用 0.5%的 $KMnO_4$ 水溶液洗涤 3 次，除去 H_2S，再用汞不断振荡除去硫，最后用 2.5%的 $HgSO_4$ 溶液洗涤，除去所有恶臭(剩余的 H_2S)，再经 $CaCl_2$ 干燥，蒸馏收集。其纯化过程的反应式如下：

$$3H_2S + 2KMnO_4 \longrightarrow MnO_2 + 3S + 2KOH + 2H_2O$$

$$Hg + S \longrightarrow HgS$$

$$HgSO_4 + H_2S \longrightarrow HgS + H_2SO_4$$

8. 氯仿(chloroform)

b. p. =61.7℃，n_D^{20}=1.445 9，d_4^{20}=1.483 2。

普通用的氯仿含有1%的乙醇，这是为了防止氯仿分解为有毒的光气、作为稳定剂加入的。为了除去乙醇，可以将氯仿用一半体积的水振荡数次，然后分出下层氯仿，用无水 $CaCl_2$ 干燥数小时后蒸馏。

另一种精制方法是将氯仿与小量浓硫酸一起振荡2～3次。每1 000 mL氯仿用浓硫酸50 mL。分去酸层以后的氯仿用水洗涤，干燥，然后蒸馏。除去乙醇的无水氯仿应保存于棕色瓶中，并且不要见光，以免分解。

9. 石油醚(petroleum)

石油醚为轻质石油产品，是低相对分子质量烃类(主要是戊烷和己烷)的混合物。其沸程为30～150℃，收集的温度区间一般为30℃左右，如有30～60℃、60～90℃、90～120℃等沸程规格的石油醚。石油醚中含有少量不饱和烃，沸点与烷烃相近，用蒸馏法无法分离，必要时可用浓硫酸和 $KMnO_4$ 把它除去。通常将石油醚用其体积1/10的浓硫酸洗涤2～3次，再用10%的硫酸加入 $KMnO_4$ 配成的饱和溶液洗涤，直至水层中的紫色不再消失为止。然后再用水洗，经无水 $CaCl_2$ 干燥后蒸馏。如要绝对干燥的石油醚则加入钠丝(参见“无水乙醚”的内容)。

10. 吡啶(pyridine)

b. p. =115.5℃，n_D^{20}=1.509 5，d_4^{20}=0.981 9。

分析纯的吡啶含有少量水分，但已可供一般应用。如要制得无水吡啶，可与粒状KOH或NaOH一同回流，然后隔绝潮气蒸出备用。干燥的吡啶吸水性很强，保存时应将容器口用石蜡封好。

11. N,N-二甲基甲酰胺(N, N-dimethyl formamide)

b. p. =149～156℃，n_D^{20}=1.430 5，d_4^{20}=0.948 7。

N,N-二甲基甲酰胺含有少量水分。在常压蒸馏时有少量分解，产生二甲胺与CO。若有酸或碱存在时，分解加快，所以，在加入固体KOH或NaOH在室温放置数小时后，即有部分分解。最好用 $CaSO_4$、$MgSO_4$、BaO、硅胶或分子筛干燥，然后减压蒸馏，收集76℃/4.79 kPa(36 mmHg)的馏分。如果其中含水较多时，可加入1/10体积的苯，在常压及80℃以下蒸去水和苯，然后用 $MgSO_4$

或 BaO 干燥，再进行减压蒸馏。

在 N,N－二甲基甲酰胺中如有游离胺存在，可用 2,4－二硝基氟苯产生颜色进行检查。

12. 四氢呋喃(tetrahydrofuran)

b. p. =67℃，n_D^{20}=1.405 0，d_4^{20}=0.889 2。

四氢呋喃系具乙醚气味的无色透明液体，市售的四氢呋喃常含有少量水分及过氧化物。如要制得无水四氢呋喃，可与氢化锂铝在隔绝潮气下回流(通常 1 000 mL约需 2～4 g 氢化锂铝)，除去其中的水和过氧化物，然后在常压下蒸馏，收集 66℃的馏分。精制后的液体应在 N_2 气氛中保存，如需较久放置，应加 0.025%的 4－甲基－2,6－二叔丁基苯酚作抗氧剂。处理四氢呋喃时，应先用小量进行试验，以确定只有少量水和过氧化物、作用不致过于猛烈时方可进行。

四氢呋喃中的过氧化物可用酸化的 KI 溶液来试验。如过氧化物很多，应另行处理为宜。

13. 二甲亚砜(dimethyl sulfone)

b. p. =189℃(m. p. =18.5℃)，n_D^{20}=1.478 3，d_4^{20}=1.095 4。

二甲亚砜为无色、无臭、微带苦味的吸湿性液体。常压下加热至沸腾，可部分分解。市售试剂级二甲亚砜的含水量约为 1%，通常先减压蒸馏，再用 4A 型分子筛干燥；或用氢化钙粉末搅拌 4～8 h，再减压蒸馏收集 64～65℃/533 Pa (4 mmHg)的馏分。蒸馏时，温度不宜高于 90℃，否则会发生歧化反应而生成二甲砜和二甲硫醚。二甲亚砜与某些物质混合时，可能发生爆炸，如氢化钠、高碘酸或高氯酸镁等，应加以注意。

14. 二氧六环(dioxane)

b. p. =101.5℃(m. p. =12℃)，n_D^{20}=1.422 4，d_4^{20}=1.033 6。

二氧六环作用与醚相似，可与水任意混合。普通二氧六环中含有少量二乙醇缩醛与水，久贮的二氧六环还可能含有过氧化物。二氧六环的纯化，一般加入质量分数为 10%的盐酸与之回流 3 h，同时慢慢通入 N_2，以除去生成的乙醛，冷至室温，加入粒状 KOH 直至不再溶解。然后分去水层，用粒状 KOH 干燥后过滤，再加入金属钠加热回流数小时，蒸馏后压入钠丝保存。

15. 1,2－二氯乙烷(1,2-dichloro ethane)

b. p. =83.4℃，n_D^{20}=1.444 8，d_4^{20}=1.253 1。

1,2－二氯乙烷为无色油状液体，有芳香味。1 份 1,2－二氯乙烷溶于 120 份(体积)水中，与之形成恒沸点混合物，沸点为 72℃，其中含 81.5%的 1,2－二氯乙烷。1,2-二氯乙烷可与乙醇、乙醚、氯仿等相混溶。在结晶和提取时是极有用的溶剂,比常用的含氯有机溶剂更为活泼。一般纯化可依次用浓硫酸、水、稀碱溶液和水洗涤,用无水 $CaCl_2$ 干燥或加入 P_2O_5 分馏即可。

主要参考资料

[1] 兰州大学. 有机化学实验(第四版). 北京：高等教育出版社，2017.
[2] 胡昱，吕小兰，戴延凤. 有机化学实验(第一版). 北京：化学工业出版社，2012.
[3] 丁长江. 有机化学实验(第二版). 北京：科学出版社，2016.
[4] 赵建庄，符史良. 有机化学实验(第二版). 北京：高等教育出版社，2007.
[5] 李霁良，殷彩霞，何严萍等. 微型版半微型有机化学实验(第二版). 北京：高等教育出版社，2013.
[6] 雷文. 有机化学实验(第一版). 上海：同济大学出版社，2015.
[7] 邢其毅，裴伟伟，徐瑞秋等. 基础有机化学(第三版)，北京：高等教育出版社，2005.
[8] 天津大学有机化学教研室. 有机化学(第五版). 北京：高等教育出版社，2014.
[9] 陈勇，周国平，杨建男. 甲基橙合成实验改进，实验室研究与探索[J]. 2002，21(3)：95—96.

图书在版编目(CIP)数据

有机化学实验与问题解答/胡昕,彭化南,计从斌编著.—上海:复旦大学出版社,2018.9
(2024.6 重印)
弘教系列教材
ISBN 978-7-309-13914-3

Ⅰ.①有… Ⅱ.①胡…②彭…③计… Ⅲ.①有机化学-化学实验-高等学校-教学参考资料
Ⅳ.①062-33

中国版本图书馆 CIP 数据核字(2018)第 206787 号

有机化学实验与问题解答
胡 昕 彭化南 计从斌 编著
责任编辑/梁 玲

复旦大学出版社有限公司出版发行
上海市国权路 579 号 邮编:200433
网址:fupnet@fudanpress.com http://www.fudanpress.com
门市零售:86-21-65102580 团体订购:86-21-65104505
出版部电话:86-21-65642845
江苏句容市排印厂

开本 787 毫米×960 毫米 1/16 印张 12.75 字数 211 千字
2024 年 6 月第 1 版第 3 次印刷

ISBN 978-7-309-13914-3/O·662
定价:39.00 元